高职高专汽车类实践系列教材

汽车维修服务接待

主　编　魏　蕾　陈　丽　丁文博

副主编　彭　玉　官培财　周　巧

西安电子科技大学出版社

内 容 简 介

本书面向汽车维修业务接待岗位，结合汽车维修服务企业在新时代、新的竞争格局下对维修业务接待人才的要求，以更大可能实现学生掌握岗位技能为目标，编写思路力求遵循并满足"工学结合"的指导理念。书中引入汽车行业最新接待流程规范和服务标准，引导学生走进工作场景，强调提升学生综合素质。

全书包括汽车维修服务接待概述、汽车维修服务接待岗位认知、汽车维修服务接待的知识储备、汽车维修服务接待流程及标准规范、客户沟通与接待技巧五个模块的内容。

本书既可作为高职高专汽车类相关专业的教材，也可作为企业汽车维修服务的培训教材，还可供从事汽车营销工作的人员参考。

图书在版编目 (CIP) 数据

汽车维修服务接待 / 魏蕾，陈丽，丁文博主编 . —西安：西安电子科技大学出版社，2022.9
ISBN 978-7-5606-6469-9

Ⅰ . ① 汽…　Ⅱ . ① 魏…　② 陈…　③ 丁　Ⅲ . ① 汽车—车辆修理—商业服务
Ⅳ . ① U472.4

中国版本图书馆 CIP 数据核字 (2022) 第 119391 号

策　　　划　刘玉芳　刘统军
责任编辑　刘玉芳
出版发行　西安电子科技大学出版社 (西安市太白南路 2 号)
电　　　话　(029)88202421　88201467　　　　邮　　编　710071
网　　　址　www.xduph.com　　　　　　电子邮箱　xdupfxb001@163.com
经　　　销　新华书店
印刷单位　陕西精工印务有限公司
版　　　次　2022 年 9 月第 1 版　　2022 年 9 月第 1 次印刷
开　　　本　787 毫米 ×1092 毫米　1/16　印张 8.75
字　　　数　180 千字
印　　　数　1～3000 册
定　　　价　32.00 元
ISBN 978-7-5606-6469-9 / U
XDUP 6771001-1
*** 如有印装问题可调换 ***

近代营销理论普遍认为，售后服务是营销策略中不可分割的组成部分和销售工作的重要支撑条件。售后服务的范畴宽广、内容丰富，目标是为用户提供实实在在的好处，解除其后顾之忧。

汽车是目前人们出行最为常用的交通工具之一。随着人民生活水平逐渐提高，我国汽车销量连续十余年蝉联全球首位。据公安部交管局对外发布的统计数据显示，2020 年我国机动车保有量达 3.72 亿辆，其中汽车保有量为 2.81 亿辆，超过此前美国创下的 2.78 亿辆世界纪录，成为全球汽车保有量最大的国家。汽车保有量大，使得作为汽车后市场主要领域的汽车售后维修保养市场具备体量大、成长性好、集中度低等特点，格外受到关注。目前，几乎所有的汽车维修企业都设立了维修业务接待岗位，训练有素的服务顾问在为客户提供满意服务的同时，也会给企业带来良好的经济效益和社会效益。汽车维修业务接待岗位需要经过规范学习、系统培养、专业训练的高素质、综合型人才。

本着培养目标尽可能贴合岗位需求的宗旨，编者认真总结多年来的教学成果，结合对汽车维修服务性企业的调研结果，汇总该行业毕业生的服务信息反馈，分析市场对人才的需求，以职业岗位能力培养为目标，采用工学结合的思想编写了本书。本书注重学习过程，建立够用、会用的基础知识体系；基于工作过程化的开发理念，以真实的工作场景和工作任务为导向，同时尊重学生的认知规律，组织项目化教学；搭配实际工作案例，引导学生走进工作场景，促进学生积极思考，培养学生的学习主动性，提升学习成就感。

本书由魏蕾、陈丽、丁文博担任主编，彭玉、官培财、周巧担任副主编。魏蕾负责确定本书的框架结构、内容要点，编写模块二，并对全书进行统稿；模块一、模块四由陈丽编写；模块三、模块五由丁文博编写；彭玉负责数据采集，官培财负责案例收集整理，周巧负责附录的编写。本书的编写得到了一些企业专家、行业内学者的无私帮助，在此向他们表示真诚的感谢！在编写本书的过程中，编者还参考了许多相关的著作、论文等资料，在此对其作者一并表示感谢！

由于编者的经验和水平有限，时间也比较仓促，书中难免有不妥之处，恳请读者和专家批评指正。

编　者

2022 年 6 月

C目 录
ontents

模块一 汽车维修服务接待概述

 学习目标

◎ 知识目标

1. 了解中国汽车维修服务行业现状。
2. 了解中国汽车消费者特征。
3. 掌握中国汽车消费者的需求趋势。

◎ 技能目标

能通过数据的搜集，分析汽车后市场的发展。

1.1 认识汽车维修服务接待

　　汽车维修服务接待工作主要负责接待客户，具体包括接待来访客户、接听和解答客户的来电咨询，认真了解车辆的问题，安排好维修工作，还要做好维修人员和客户车辆信息的及时反馈，向客户推荐定期保养服务及附件，并定期对客户进行回访。随着我国汽车保有量的逐年增加，汽车后市场的开发成为当前汽车行业发展的重要方向。有调研数据显示，汽车行业 50% ～ 60% 的利润是从汽车后市场服务业中产生的。近年来，以汽车 4S 店为代表的汽车服务企业数量越来越多，往往遍布城市的各个角落，相应地汽车维修接待人员的需求数量也呈比例上升。与此同时，客户的需求日益增加，要求也更加严格，带来巨大挑战的同时也带来了商机。如果汽车维修接待人员能够以更好的服务、更高的专业水准迎接挑战，为客户带来满意的服务，就能为企业带来更多的经济效益和社会生存空间，这就意味着对企业维修服务接待人员提出了更高的要求。

　　目前，汽车客户普遍会选择去专业的汽车 4S 店进行车辆的维护与保养工作，作为 4S 店的第一张名片—汽车维修接待，代表着企业的形象，是联系客户与维修人员之间的纽带，他们的服务能否使客户感到满意，决定着能否赢得客户的信任。为了给客户提供更优质、更专业的服务，各个汽车品牌都制定了详细的工作流程和标准。通常维修接待的工作职责主要包括：接待前的准备，接听和解答客户的来电及疑问，客户来店后对车辆进行问诊，对汽车维修及保养等工作进行安排，对维修保养过程中产生的其他问题进行及时协调与沟通，对客户的投诉建议等进行及时处理与反馈，以及定期对客户进行回访等。

中国维修保养市场发展的历程较短，近20年随着我国汽车行业的迅速发展，汽车保有量逐年提升，平均车龄逐年延长，汽车后市场尤其是汽车维修养护市场也得以迅猛发展。据统计，2020年中国汽车维修养护市场规模为1.23万亿元，如图1-1所示，同比上涨2.40%，近几年基本处于增长后期，保持着稳定的市场规模。从汽车维修养护企业数量来看，2020年疫情对市场造成了冲击。据统计，2011—2019年，中国汽车维修新成立企业数量整体表现为逐年增长趋势，2020年新增企业数量为34726家，同比下降35.00%，年均增长速度为24.22%，如图1-2所示。

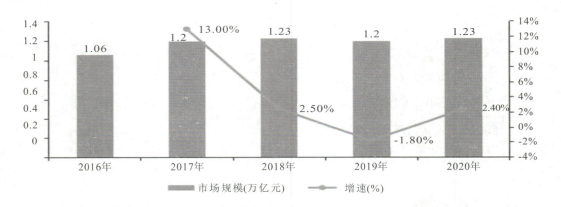

图1-1　中国汽车维修养护市场规模及增速

图1-2　中国汽车维修养护企业数量变化情况

尽管市场前景广阔，繁荣发展的背后，仍存在各类问题，如行业成熟度低、行业发展质量参差不齐、行业诚信缺失／信任危机难以化解等，这些问题仍待进一步解决。中国汽车维修行业协会汽车维修配件工作委员会秘书长魏同伟表示，"中国汽车市场最近十几年井喷式发展，服务市场相对滞后，近 10 年才快速发展起来，整体处于散、乱、小的阶段，这是行业的痛点。但同时随着移动互联及数字化技术的发展，会有更符合市场需求的新模式发展起来"。

1.2　汽车维修服务新理念

前几年汽修行业不断提到一个服务理念——客户满意度。客户满意度决定了企业的经营及发展，客户是企业的衣食父母、员工的薪酬来源、企业的利润支持，所以客户的满意度是企业经营过程中的重中之重。随着科学技术的发展，中国汽车消费者的特征在改变，中国消费者的需求趋势也在改变，为了顺应新的趋势，汽车维修服务也应该在客户满意度的基础上有更新的理念。

1.2.1　中国汽车消费者的特征

1."开车少"：用车强度低

中国消费者的用车场景主要集中于通勤等市内短途，与美国相比，我国汽车年均行驶里程明显落后。美国目前的汽车千人保有量是我国的 4 倍多（美国为 833，中国为 173），其年均行驶里程也显著高于我国，如图 1-3 所示，我国的用车频率与美国等成熟市场亦有一定的差距。

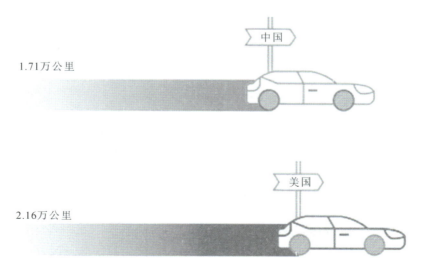

图 1-3　中美汽车年均行驶里程对比

2. "不懂车"：汽车认知度偏低

我国汽车工业起步时间晚，发展历史短，与欧美发达国家相比差距明显。以美国为例，从1900年第一届汽车博览会开始算起，至今有120多年历史，而汽车特别是私家乘用车进入中国消费者视野也不过短短二三十年时间，因此与美国消费者相比，中国消费者对汽车的认知水平普遍偏低，且随着共享经济的盛行，这种对汽车产品本身的认知不足在长期内也难以得到改变。

3. "消费品"：汽车消费态度偏感性

中国消费者用车频率低以及对汽车的认知度低决定了对汽车产品的消费态度更偏向于消费品，消费决策相对更感性，更重视品牌。相比之下，使用频率和了解程度双高的国外消费者一般将汽车视作耐用品和代步工具，选择更理性。

4. "没时间"：更愿意为便捷服务付费

对比欧美等发达国家，中国劳动人口每天的休闲时间明显更少（如图1-4所示），生活节奏普遍较快，对便利性的追求也更强烈。同时，在我国人口红利下，服务成本相比较低，生活服务外包化趋势逐渐强化，因此在汽车维修市场前景中，中国消费者也更愿意为方便快捷的服务付费。

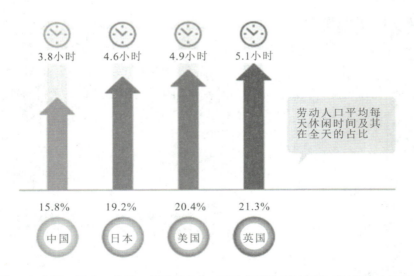

图1-4　中国、日本、美国、英国劳动人口平均每天休闲时间绝对时长及占比分析

1.2.2　中国汽车消费者的需求趋势

1. "放心"：追求品质保障

授权4S渠道长期以来一直占据中国汽车维修保养市场核心位置，说明中国消费者还是非常在意服务品质的，信任度不高的特殊背景也加深了中国消费者对品质保障的需求，"正品""品质保证"这种在成熟市场难以成为核心差异化竞争力的定位，在中国维保市场

却是现阶段我国消费者的核心诉求之一。

2."省心"：偏爱一站式综合服务

与欧美市场消费者更偏爱垂直细分类服务不同，中国消费者更偏爱一站式综合服务。其主要原因首先是中国消费者对汽车了解不足，对于大量消费者来说垂直的服务渠道所要求的知识门槛过高；此外，行业存在的诚信危机也使消费者普遍厌倦了一次次重新建立信任的过程，他们更希望与某一门店或者品牌低成本地建立信任关系并得到更多元的一站式服务。

3."舒心"：体验经济来临

随着中国居民可支配收入的攀升和数字化的不断提高，中国正迎来一个消费全面升级的新时代，中国消费者正从单一的商品消费转向体验消费，即从原来的重点关注商品价格、功能、品牌向关注消费体验转变。消费者对维修保养预约、线上线下融合体验、线下服务体验等方面的期待和要求正在逐渐提高。

4."省钱"：追求性价比

相比追求低价，中国消费者更愿意追求性价比。中国特有的商业环境和消费文化令广大消费者对性价比的追求有一种天然的热情，在汽车维修保养市场也是如此。随着汽车销售市场价格不断下探及汽车消费的平民化和普及化，消费者更看重汽车后市场的服务性价比。

5."便捷"：数字化发展

中国劳动人口工作时间较长且持续的人口红利使社会服务成本偏低，消费者对服务的便捷性有极致的追求，这也是更偏爱便捷化的线上消费、快递、移动支付等服务的主要原因。据互联网信息化中心统计，移动互联网渗透率占全体网民的99.1%，2019年在中国通过手机支付交易额接近美国的500倍。在汽车维保市场，中国消费者也更追求以数字化的方式高效、优质地获取维保信息和服务体验，数字化为竞争激烈的汽车后市场提供了差异化的机遇。

近几年移动互联网技术飞速发展，互联网行业企业频频跨界汽车后市场，原有价值链上的大企业也纷纷寻求新的模式突破。目前市场上具有代表性的模式是S2C(上游零配件生产、中游供应链＋电商平台以及下游汽服网络三者数据统一，以面向终端消费者的模式)。从目前的市场格局来看，S2C模式已初具规模，并可为车主提供价格透明化、流程扁平化、服务个性化的消费体验。

有关数字化给行业带来的新机遇，途虎养车创始人兼CEO陈敏如给出了自己的理解：数字化在门店管理、技术服务以及技师的管理和支持上能够起到很重要的作用。同时，全渠道的数字化给整个供应链带来很大的效率提升。无论是通过一品一码，还是整个供应链在全国的溯源追踪，都可以保证消费者既能够看到产品整个仓储物流的过程，也可以让服务商更加精准地预测消费者的需求，从而更加精准地在各个仓库和各个门店进行备货。此外，供应链的数据也可以第一时间反馈到供应商，帮助供应商更好地根据消费者需求去设计产品，安排生产计划，使得整个供应链的效率更高，工厂的生产更有预测性。

 拓展阅读

央视点赞途虎养车等平台助力中小微企业数字化转型升级

2020年5月19日，中国新闻网消息：近日，央视播发了为加快各行业各领域数字化转型，帮扶中小微企业渡过难关和转型发展，国家发改委联合17个部门等，共同启动数字化转型伙伴行动的新闻。作为汽车后市场服务的领先者，途虎养车在助力中小微汽修商数字化转型升级方面获得了央视的关注和好评。据介绍，目前伙伴行动已经聚集了华为、腾讯等数十家平台企业，各平台正在探索通过共享模式开放自身资源，联合打造一体化转型服务，支持中小微企业降低数字化转型成本、缩短转型周期、提高转型成功率。作为汽车后市场服务领域的领先者，途虎养车一直坚持正品自营，通过线上购买、线下安装的服务经营模式，致力于为消费者提供标准化服务，为中小汽修商提供数字化转型升级的全方位支持。"库存压力、技师培训跟不上、养护用品小门店进货价格高等等，汽修门店生存的压力越来越大"，从事汽修行业数十年的郭坤岐发现生意越来越难做，甚至一年前他发现有些客户拿着零配件来修车。这样一来，利润不断下滑，堆积的库存也让企业的现金流更加紧张起来。中小汽修商的数字化转型迫在眉睫，途虎养车成为像郭坤岐这样的中小微汽修商的选择。

郭坤岐发现加入途虎养车之后，他不再为养护用品的真假、价格以及库存甚至技师的培训担忧。途虎养车将汽车零配件制造商、仓储物流纳入进来，实现了从供应链直接到门店的一站式服务，不仅帮中小微汽修商解决了进货难、价格高的问题，还帮助其实现了"零库存"，减轻了运营成本的压力。

同时，依托平台系统内涵盖的1500家不同门店的车辆维修信息数据库，途虎养车能够对门店订单、客户、库存、技师等多个项目进行分析，从而实现门店的精细化运营，帮助汽修门店实现数字化转型升级，解决中小微汽修商数字化转型升级过程中"不会转、不能转、不敢转"的难题。

奔驰的售后生意经：用数字化让4S店牢牢"黏"住车主

中国年轻消费者的一项特质是热爱数字化和互联应用，奔驰全新A级车面向的就是这一特质的用户群体。因此，与这类用户所匹配的客户服务也需要向数字化靠拢。曾任北京梅赛德斯－奔驰销售服务有限公司执行副总裁的柯安宸（Andreas Kleinkauf）说："客户在数字化日常生活中愈发趋向于采用数字化手段与自己的生活进行互联，而我们需要在售后服务及客户服务领域确保我们提供的服务与其日常的生活习惯是相匹配的。"

在上海试点推出"轮胎一键焕新"项目是上述言论的实际体现。车主通过 Mercedes me 微信客户服务官方账号，预约"轮胎一键换新"，选择车型、轮胎规格，轮胎的品牌价格就会弹出。车主可以在微信客户端打开道路救援页面，通过微信了解道路救援车的路径及进行情况。

这项救援服务既可以在现场为客户更换轮胎，也可以把车带到客户指定的4S店，为客户更换指定的轮胎。同时，奔驰承诺在车辆抵达4S店2小时内完成匹配轮胎的所有工作。一旦在行驶中遇到爆胎或无助的情况，奔驰能帮助车主快速匹配到合适的轮胎。这项服务还可从网上支付，确保便捷的服务体验。

未来的数字化服务还将包括售后预约接待、维修项目管理以及透明车间状态跟踪等功能。甚至，今后客户并不需要亲自到实体店里，而是直接从互联网下载APP并从中选择所需要的服务，客户可以在不同的平台之间自由选择和跳转，真正实现打通线上和线下的无缝体验。

复 习 与 思 考

1. 简述中国汽车消费者的特征。
2. 探讨中国消费者的需求趋势。
3. 数字化如何提升技师培养效率，升华技师价值？

任 务 训 练

1. 搜集数字化在各品牌汽车维修服务方面的应用实例。
2. 分析汽车后市场将来的发展。

考核要点	分　值	评　分	备　注
对于新技术的了解	20		
搜集数据的能力	20		
分析数据的能力	20		
整理归纳能力	20		
思考能力	20		

模块二 汽车维修服务接待岗位认知

 学习目标

◎ 知识目标

1. 掌握汽车维修服务接待的职业道德规范与具体要求。
2. 了解接待工作的重要意义及作用。
3. 正确理解汽车维修服务接待岗位的相关职责。

◎ 技能目标

1. 能初步描述汽车维修服务接待的工作环节。
2. 树立诚信、热情、礼貌沟通的服务意识。
3. 熟记汽车维修服务接待人员的素质要求。

　　汽车售后服务是汽车后市场重要的利润来源，也是各个汽车品牌竞争的要地。在汽车市场竞争由卖方市场转变为买方市场，现代市场营销观念由过去的以产品为中心转向以客户为中心的情况下，服务作为独特的、超值的产品，便成为汽车工业竞争取胜的关键因素之一。

2.1　汽车维修服务顾问的职责和工作内容

2.1.1　汽车售后服务岗位认知

　　汽车售后服务机构一般由行政部（综合管理部）、财务部、客户服务部、保险理赔部、车间、备件中心等部门构成，并在各部门设置相应的岗位。具体的部门和岗位设置根据企业实际情况会有所差异。图 2-1 所示为某品牌 4S 店售后服务岗位设置。

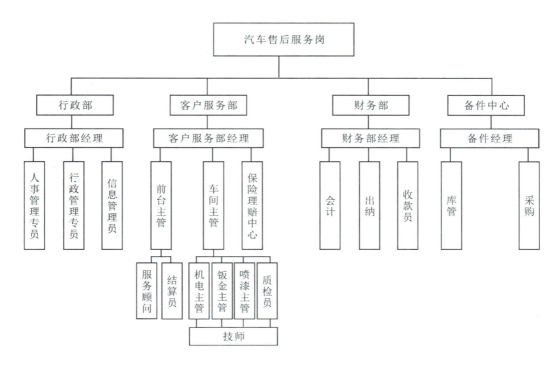

图 2-1 某品牌 4S 店售后服务岗位设置

2.1.2 汽车维修服务接待的职业定位

1. 汽车维修服务顾问

汽车维修服务在职业分类中归属于"商业—服务业人员"大类，是汽车后市场工作人员的一个重要组成部分。汽车维修服务顾问隶属于客户服务部，直属上级为前台主管，如图 2-1 所示。汽车维修服务顾问面向企业客户，是汽车维修服务企业的形象和专业代表。

2. 汽车维修服务接待的职业定位

汽车维修服务接待作为企业与客户之间的桥梁，其目标是协调双方利益，增加双方的信任度，从而维护好客户关系。良好的服务接待可带动协调各个管理环节，有利于提高工作效率，从而提高企业的经济效益和社会效益。

在以客户为中心的现代市场营销观念下，为了增强企业的竞争力，企业通常会强化对客户的服务质量，关注客户的需求，实施服务品牌战略，致力于客户服务"满意程度"最大化，从而形成竞争优势，创造双赢的局面。调查显示，客户对维修服务的期望，主要包括四个方面：车辆的维修质量（汽车 4S 店的技术服务能力）、与客户的沟通（4S 店对客户的服务能力）、维修时间和便利性、客户成本（金钱、时间、精力、心情）。

因此，作为汽车维修服务顾问，同时服务于两个对象：汽车和客户。汽车维修服务不仅要求有面向汽车的服务技术、维修质量、维修价格、维修时间，还要求有面向客户的良好的服务态度、恰当的服务技巧、舒适的休息场所、舒心的等待方式等。高质量的产品和高质量的服务是客户满意的关键因素。满意度的提升将会为企业带来极大的利润提升空间。因此，汽车维修服务顾问一定要将提高客户满意度这个工作理念时刻融入自己的工作过程中。

2.1.3 汽车维修服务顾问的职责

汽车维修服务顾问的职责分为服务职责和销售职责。

1. 服务职责

(1) 负责用户的接待、引导和咨询。

(2) 负责与用户的车辆交接。

(3) 负责用户问题的处理。

2. 销售职责

汽车维修服务顾问不仅要为客户提供汽车售后服务，还要销售企业的服务和产品。可以说，汽车维修服务顾问同时也是一名销售人员，只是该销售不是为了推销产品而销售，而是在服务过程中发现客户可能忽略的用车安全隐患，为客户消除不安全因素，追求客户和企业的双赢。例如，客户的需求是做基础保养，但在相关检查过程中如果发现问题和隐患，也应及时反馈给客户，针对车的实际情况制订维护计划，最大程度上保护客户的用车安全。以客户的利益为中心的推销，不只是推销，更是工作专业性的体现。

2.1.4 汽车维修服务顾问的工作内容

客户把汽车交给企业，客户的最大期望与利益体现就是车辆被修复完好并送回自己手中。在此过程中，尽可能节省客户成本（包括时间成本、精力成本、金钱成本等），节省客户成本就是提升客户的利益。当客户的收益或者实际体验高于期待时，客户满意度就会大大提升。以客户为中心的汽车维修服务流程如图 2-2 所示。下面针对图 2-2 所示的流程介绍汽车维修服务顾问的具体工作内容。

1. 接待前的准备工作

准备阶段的工作主要包括两个方面。

1) 预约服务

很多客户为了缩短排队等修的时间，提高车辆保养或维修的效率，会提前拨打预约电话，预约送车的时间。因此，维修服务顾问要礼貌规范地接听客户的预约电话，问明情况与要求，填写"维修预约单"，同时告知客户注意预约时间。在客户送车之前，提前查询了解客户车辆维修记录、背景、专案、付款方式、可能提出的问题、是否经常提出接送服务要求等。对于当天已预约的车辆，还需要统计总体预约的车辆数；针对预约车的维修项目，核对服务能力、人员、场地和设备是否能够满足需求；统筹工作安排是否调整，以在预约时间段内能够有序轻松地接待预约客户。

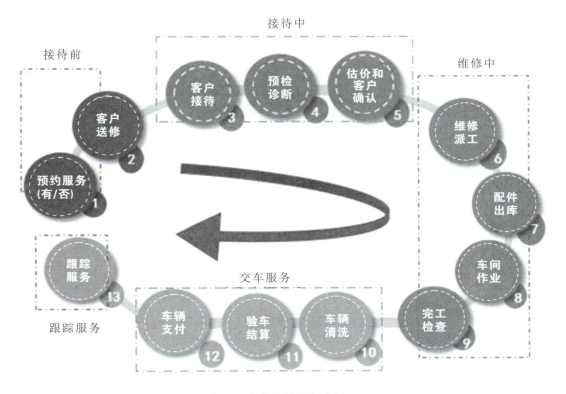

图 2-2　汽车维修服务流程

2）准备工作

在工作准备中，需要从环境、工具、未完成的工作、人员情况等方面着手进行。

（1）环境的准备。检查接待处周围是否放有未经整理的废旧物品、垃圾，宣传资料、书报是否及时进行了更新；室内的照明设施、空调、音乐、电视、香气是否会令客户不快；4S 店内外的花草是否枯萎或杂乱；各种设施是否为客户提供了方便；客户休息厅是否清洁；业务接待台是否整洁；客户投诉箱的位置是否醒目；业务接待区要张贴组织结构图和维修工作流程图，并有相关工作人员的照片和工号等。

（2）工具的准备。在接待工作中会使用到很多工具，服务顾问要对每一种工具的位置、数量、性质等都非常熟悉。有序地运用工具，可以提升客户对 4S 店的专业度和规范程度的认可。为了能更好地服务客户，应按表 2-1 所示的清单检查并维护好各种工作工具。在接待前要仔细检查用具的数量、位置和性质。

表 2-1　接待前需准备的工具清单

检查项目	完成情况	检查项目	完成情况
充足的维修委托书		计算机 (DMS 系统)	
各种工作印章		打印机	
四件套		签字笔	
订书机及订书钉		结算单打印纸	
硬板夹子		名片	

(3) 未完成的工作的梳理。为了有效管理客户和安排工作进度，需要对工作的进程和优先级有明确的了解。

在开始新的工作之前，服务顾问需要对以下工作进行检查和排序：

① 前一天未完成的工作：对前一天未联系到的客户、改期的客户、增加维修项目的客户，需要查看并做跟踪记录。

② 留厂车的记录：查询并明晰在厂维修或检查的车辆当天的记录，以便客户来电询问能准确应答。

③ 晨会记录：如果当天由于特殊原因没有参加晨会，一定要了解晨会的最新内容。

(4) 人员的准备。在接待工作开始以前，服务顾问需要检查自己的着装、仪表和精神状态，做到精神饱满、服装规范、心情愉悦。

2. 接待中

1) 客户接待

(1) 主动迎接客户。使用规定的礼貌用语热情接待客户，让客户有宾至如归的感觉。

(2) 了解客户需求。询问客户的需求，仔细聆听客户阐述车辆的故障，尽可能多地获取客户的车辆信息、发生原因、诉求等。

2) 预约诊断

(1) 初步诊断。通过客户对车辆保养或者维修的描述，对车辆进行预检。预检可以快速和较清晰地确定保养或者维修的项目。服务顾问如果对技术问题有疑惑，应立即通知技术人员前来协助，完成技术诊断。

(2) 绕车检查。在正式确定维修项目之前，服务顾问和客户应一起对车辆进行绕车检查，帮助客户了解其车辆的基本情况，与客户共同确认并记录车辆的外观情况，同时提醒客户收捡车上的重要物品。

3) 估价和客户确认

根据客户介绍和绕车检查的情况，与客户协商确定维修项目、估算价格、结算方式和预计完成的时间。经客户确认后，再次核对客户信息，填写维修合同、打印维修合同，请客户签字，作为取车凭证。

4) 办理交车手续

客户车辆进厂前，服务顾问应与客户办理交车手续。铺好四件套，接收客户的随车证件，对随车的工具和物品清点登记，并请客户在"随车物品清单"上签字。接车时车钥匙需进行登记并编号放在规定位置；核对油表、里程表并将数字登记入表。车交入车间时，车间接车人要办理接车签字手续。

3. 维修中

(1) 维修派工。服务顾问需指定维修车间，由维修技师填写、下发维修工单。

(2) 跟进维修进度。客户车辆在厂维修期间，服务顾问应关注车辆的维修进度，随时了解车辆情况，并与维修技师落实材料配件的提供方式。

(3) 工项和时间变更。如果配件需求、工时等发生变化，或者需要增加维修项目，服务顾问应立即联系客户，重新进行费用和时间的确认。除非客户认可，否则不得擅自进行额外的修理。

(4) 完工检查。车间交出竣工验收车辆后，服务顾问需要对车辆进行检查，确保故障已消除，维修合同上的要求完全满足；查看外观是否正常，清点随车工具和物品。

(5) 打印结算单。

4. 交车服务

(1) 清洗车辆内、外部。交车之前，把车辆清洗干净。

(2) 通知客户取车。在完成交车的全部准备工作之后，服务顾问要立即通知客户取车。

(3) 验车结算。与客户一起试车，向客户展示说明所做的维修项目，出示维修结算单，向客户详细说明维修工作的费用，在得到客户的认可和签字后，陪同客户到收银处结算。

(4) 交付客户相关收费凭据和车辆钥匙，取回维修合同客户联，帮助客户取下四件套，向客户表达谢意并目送客户离开。

5. 跟踪服务

(1) 完善客户档案。客户送车进厂后，当日服务顾问要为其建立客户档案，包括客户相关资料、车辆相关资料、维修项目等；完成维修服务后，需完善客户档案，包括补充的项目、修理维护情况、结算情况、投诉建议等。

(2) 电话跟踪服务。根据客户档案，定期对客户进行电话跟踪；询问客户车辆使用情况，请其对公司的服务进行评价，并告知客户有关驾驶和维护的知识，有针对性地提出合理使用车辆的建议；介绍公司新近服务内容、新技术、新设备；告知客户公司的优惠服务活动，并做好记录和统计。

2.2 汽车维修服务顾问的素质要求

随着汽车工业的迅猛发展和人民生活水平的提高，汽车保有量迅速增长，汽车维修业出现多层次、多形式、各种经营成分并存的局面，规范汽车维修市场是形势发展的需要。同时，汽车技术的快速更新，对汽车维修企业的从业人员的综合素质也提出了更高的要求。

1. 专业素质

汽车维修服务顾问应具备以下专业知识。

(1) 汽车结构与原理知识，主要包括：

• 汽车的总体构造、汽车分类及结构特点；

• 汽车行驶原理；

• 发动机的结构、工作过程及工作原理；

• 手动变速器的结构、工作过程及工作原理；

• 离合器的结构、工作过程及工作原理；

• 电控自动变速器的结构、工作过程及工作原理；

• 无级变速器 (CVT) 的结构、工作过程及工作原理；

• 安全气囊的结构、工作过程及工作原理；

• 中央门锁和防盗装置的结构、工作过程及工作原理；

• 电控防抱死制动装置 (ABS) 的结构、工作过程及工作原理；

• 制动系统的结构、工作过程及工作原理；

• 转向系统的结构、工作过程及工作原理；

• 汽车空调系统的结构、工作过程及工作原理；

• 汽车常见电气系统的结构、工作过程及工作原理。

(2) 常见汽车故障知识，主要包括：

• 常见汽车故障现象及产生的原因；

• 引起汽车故障的因素及诊断方法；

• 常见汽车故障诊断的方法；

• 汽车技术状况发生变化的现象及产生原因；

• 汽车故障检测与诊断仪器及设备的使用方法及数据分析。

(3) 汽车零配件知识，主要包括：

• 汽车配件的分类；

- 汽车配件储存方法与技巧；
- 汽车配件的科学管理；
- 汽车配件耗损规律；
- 汽车配件质量鉴别方法；
- 假冒配件的鉴别方法；
- 汽车配件的修复与更换原则。

(4) 汽车维护与修理知识，主要包括：

- 车辆功能操作及驾驶操纵性能；
- 汽车维护过程及实施工艺；
- 汽车维修的主要工种及特点；
- 汽车维修设备的分类；
- 汽车维修专用设备的使用方法及注意事项；
- 汽车维修工艺；
- 汽车维修过程及质量管理。

(5) 汽车维修服务收费知识，主要包括：

- 维修工时定额与工时费的标准与规定；
- 汽车维修收费计算方法；
- 汽车维修中的几项重要统计指标；
- 服务站管理系统 (DMS)。

(6) 保险车辆维修及理赔知识，主要包括：

- 机动车辆保险基本知识；
- 保险条款中的不赔责任；
- 保险车辆维修和理赔基本流程；
- 新车保修及索赔。

(7) 汽车质量担保知识，主要包括：

- 新车保修的相关概念及政策；
- 保修原则和质量担保期；
- 新车保修维修和索赔流程；
- 旧件回收；
- 保修费用结算。

2. 业务素质

(1) 熟悉国家和汽车维修行业中有关价格、保险、理赔等方面的法律、法规和政策。

(2) 掌握客户关系建立和维护的技巧。了解客户关系的重要意义，能快速准确识别客户的需求；具有较强的组织协调能力、良好的沟通表达能力、灵活的应变能力和细微的观察能力；具备良好的抗压能力；具有创新思维、乐观积极的态度和正确的价值观。

(3) 具有熟练的驾驶能力、计算机操作能力以及基本的外语沟通能力。

3. 思想素质

服务顾问要爱岗敬业，具有高度的工作责任心和事业心；具有良好的职业道德，廉洁奉公，团结合作，诚信无欺，讲究信誉。

2.3 汽车维修服务顾问的职业道德

职业道德是指从事一定职业的人们，在职业活动中应当遵守的职业行为规范，即道德观念、行为规范和风俗习惯。职业产生于社会分工，每种职业都具有其职业道德。

汽车维修服务顾问职业道德规范是指汽车维修服务顾问在进行汽车维修业务接待工作过程中必须遵循的道德标准和行为准则。

汽车维修服务顾问的职业道德规范是在汽车维修职业道德的指导下，结合业务接待的工作特性形成的。由此，汽车维修服务顾问的职业道德规范可归纳为：真诚待客，服务周到，收费合理，保证质量。

1) 真诚待客

真诚待客是指主动、热情、耐心地对待客户，做到认真聆听客户的述说，耐心回答客户提出的问题，设身处地地理解客户的期望与要求，最大限度地与客户达成共识。客户到企业来，无论是修车、选购零配件还是咨询有关事宜，其需求都可归纳为：

一是对物质的要求，希望能得到满意的商品；

二是对精神的要求，希望能被重视，能得到热情的接待。

如果服务顾问按"真诚待客"的要求接待了客户，对其表示了欢迎、尊重和关注，那么肯定会打动客户。服务顾问的言谈举止及热情服务会给客户留下深刻的印象。客户在精神上得到满足，感到业务接待员可亲可信，进而可能会对这家企业产生好感与信任。做好真诚待客，可为客户与企业下一步的业务活动开个好头。

2) 服务周到

服务周到是指在维修前、维修中和维修后向客户提供全方位的优质服务。服务周到包括以下几方面：

(1) 礼貌待人。

礼仪在言语动作上的表现称为礼貌。礼貌是人们在商务活动中对他人表示尊重和友好的行为规范,体现了时代风尚、道德水准以及人们的文化层次和文明程度。良好的教养和道德品质是礼貌的基础。礼貌主要通过语言和行为来表现自己的谦虚和对他人的尊敬。

(2) 倾听。

倾听对客户来说不仅仅是一种礼貌,更是一种尊重。作为一名优秀的服务顾问,要善于倾听客户的声音,通过倾听,有效了解客户的需求、愿望及不满。倾听能表达对客户的关怀,从而与客户建立良好的关系,使客户真实感受到良好的服务。

① 认真地倾听。客户在陈述的过程中,无论简要还是详细,服务顾问都要保持专注的态度,并且在适当的时候给予客户回应和建议,让客户感受到被尊重,这样才有助于与客户之间建立信任感,对客户提出的建议也能体现出专业性。

② 耐心地倾听。给客户充分的表达时间,尤其在介绍完服务项目及相关知识后,要耐心地倾听客户的意见和想法。客户有时候会隐藏自己的真实需求,这就需要服务顾问在倾听时保持高度的耐心和细心。如果服务顾问表现出急于结束客户话题的态度,很可能会使客户产生不满,甚至会影响其消费的欲望。

③ 以关心的态度倾听。关心客户所需,急客户所急,与客户保持共同理解的态度,有助于准确了解客户的需求,帮助客户解决问题,使客户满意。

(3) 充分了解客户的需求。

客户的需求有感性的需求、理性的需求、主要需求、次要需求等。客户描述给服务顾问的需求往往只是他们真实需求的一部分。服务顾问不仅要看到客户表面的需求,还要挖掘、判断客户深层次的需求,并对客户需求进行分析,帮助客户找到真正符合其需求的服务和产品,这也是服务顾问专业度的体现。调查显示,大多数的客户受主观性、社会性、各种信息不对称性、专业性等各方面因素的影响,并不十分了解自己的真正需求。这就需要专业的服务顾问帮助客户梳理需求信息,购买到真正适合客户的、称心如意的汽车维护和修理服务。

(4) 培养客户忠诚度。

① 客户忠诚的意义。客户忠诚建立在客户满意之上,是指客户满意后而产生的对某种产品品牌或公司的信赖、维护和希望重复购买的一种心理倾向。客户忠诚实际上是一种客户行为的持续性,客户忠诚度是指客户忠诚于企业的程度。企业经营实践表明:在买方市场条件下,客户忠诚度才是现代企业最宝贵、最可靠、最稳定的资产。高度忠诚的客户是企业竞争获胜的关键。

② 客户忠诚度的培养。培养忠诚客户一般要注意三个问题,即让客户满意、发展重

要客户和关怀客户，如图 2-3 所示。

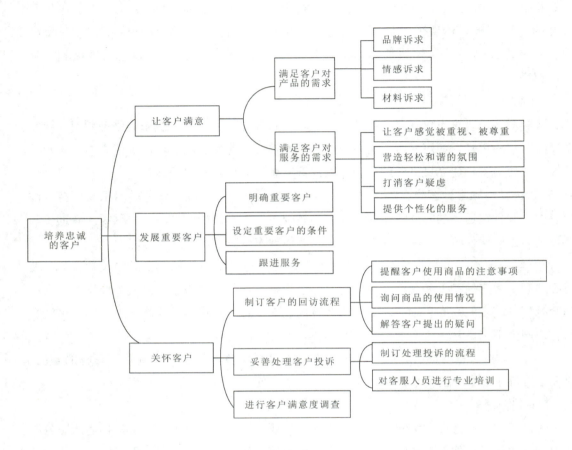

图 2-3　如何培养忠诚的客户

(5) 处理好客户投诉。

　　企业向客户所提供的产品或服务都可能出现未满足要求的情况，引起客户不满。当这种不满的心理产生时，一些客户会有一种投诉的意愿 (向企业直接投诉、向消费者协会或相关机构投诉等)，在这种意愿的驱使下会发生实际的投诉行为。面对客户的直接投诉，如果处理得当，不仅可以保留住客户，防止客户流失，降低企业的经营成本，而且可以帮助客户恢复对企业的信心，使企业的正面形象深入心中。据统计，那些对投诉结果感到完全满意的投诉者中有再次购买不同种类产品意图的占 69% ~ 80%，而投诉没有得到圆满解决的投诉者中只有 17% ~ 32% 的人有再次购买的意图；反之，如果处理得不好，则会增加客户的不满程度，导致客户流失与负面口碑传播，影响企业的声誉和竞争力。根据调查结果，只有少部分客户会发生实际的投诉行为，如图 2-4 所示。只有投诉行为发生了，服务顾问才有机会对其处理。因此，鼓励客户直接投诉是必要的，可为处理客户投诉提供机会，进而提高客户的满意度和忠诚度。

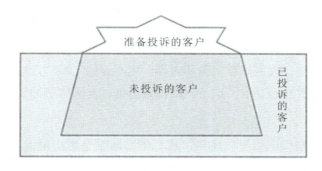

图 2-4　冰山模型

处理客户投诉的主要步骤如下：

① 安抚和道歉：不管客户的心情如何，不管客户在投诉时的态度如何，也不管是谁的对错，服务顾问要做的第一件事就是平息客户的情绪、缓解客户的不快，并向客户表示歉意；还得告诉客户，将完全负责处理客户的投诉。

② 记录投诉内容：详细地记录客户投诉的全部内容，包括投诉者、投诉时间、投诉对象、投诉要求等。

③ 判定投诉性质：先确定客户投诉的类别，再判定客户投诉理由是否充分，投诉要求是否合理。如果投诉不能成立，应迅速答复客户，婉转说明理由，求得客户谅解。

④ 明确投诉处理责任：按照客户投诉的内容分类，确定具体接受投诉的部门和受理负责者，并进行相应的处理。

⑤ 查明投诉原因：调查确认造成客户投诉的具体原因和具体责任部门及个人。

⑥ 提出解决办法：参照客户投诉要求，提出解决投诉的具体方案。

⑦ 通知客户：投诉解决办法批复后，迅速通知客户。

⑧ 责任处罚：对造成客户投诉的直接责任者和部门主管按照有关制度进行处罚，同时对造成客户投诉得不到及时圆满处理的直接责任者和部门主管进行处罚。

⑨ 提出改善对策：通过总结评价，吸取教训，提出相应的对策，从而改善企业的经营管理和业务管理，减少客户投诉。

⑩ 跟踪：解决了客户投诉后，应回访客户，了解客户是否满意。与客户保持联系，定期回访。

3) 收费合理

收费合理是指汽车维修企业在承接汽车维修业务时，要做到价格公道，付出多少劳务，就收取多少费用，严格按照交通行政管理部门制定的汽车维修工时定额和收费标准核定企业的维修价格；不乱报工时，不高估冒算，不小题大做（小修当大修），更不能采取不正当的经营手段招揽业务。例如，采用请客送礼、给回扣等做法引诱、拉拢一些贪图小利客户的行为，不仅不符合公平交易、公平竞争的道德原则，损害了国家、集体的利益，而且还腐蚀了人们的灵魂，败坏了行业风气乃至社会风气。对这种行业不正之风，服务顾问都应该自觉抵制。

收费合理还体现在严格按照工作单上登记的维护、修理项目内容进行收费，不能为了达到多收费的目的而擅自改变修理范围和内容，更不能偷工减料，以次充好。这些行为既有悖于汽车维修职业道德的要求，也是一种自毁信誉、自砸牌子的短视行为。

4）保证质量

保证质量主要是指保证修车的质量。汽车维修质量是客户最关心的问题。具体来说，修车过程中各工序要严格按照技术要求和操作规程进行；使用的原材料及零配件的规格、性能符合规定的标准；按规定的程序严格进行检验与测试；汽车故障要完全排除，原来丧失的功能要得以恢复；车辆使用寿命得以延长等。保证质量是实现客户利益之必需，也是保证企业继续在市场竞争中取得优势的必要条件。

2.4　汽车维修服务接待的礼仪规范

服务礼仪是各服务行业从业人员必备的素质和基本条件。出于对客户的尊重与友好，在服务中要注重仪表、仪容、仪态和语言、行为的规范。热情服务是要求服务顾问发自内心地、热忱地向客人提供主动、周到的服务，从而表现出良好风度与素养。汽车维修服务顾问代表企业直接和客户打交道，言谈举止不仅关系到个人的形象，而且直接影响到企业的信誉，也是企业经营成败的重要环节。要做到文明经营、热情待客，服务顾问就必须树立良好的服务意识。

2.4.1　培养良好的服务意识

服务意识是服务行业从业人员在对客户服务的过程中所表现出来的态度取向和精神状态，是服务行业从业人员基于对服务工作认识形成的一种职业素养和职业意识。良好的服务意识是为客户提供优质服务的保障，要求：用心服务，能够换位思考；主动服务，要做的正是对方正在想的；变通服务，工作标准是规范，但客户满意才是目标；激情服务，让客户感受到温暖和被关注。服务意识的缺乏必然伴随服务态度的生硬和精神状态的低迷，导致服务的消极被动和效率低下。服务意识的强弱直接影响甚至决定着服务质量的高低。

2.4.2　服务接待礼仪的原则

在服务礼仪中，有一些具有普遍性、指导性的礼仪规律。这些礼仪规律也就是礼仪的原则。掌握礼仪的原则很重要，是服务顾问更好地学习礼仪和运用礼仪的重要指导思想。

1. 尊重的原则

孔子说："礼者，敬人也。"这是对礼仪的核心思想的高度概括。所谓尊重的原则，即要求在服务过程中，将对客人的重视、尊敬、友好放在第一位。这是礼仪的重点与核心。因此在服务过程中，首要的原则就是敬人之心常存，掌握了这一点，就等于掌握了礼仪的灵魂。在人际交往中，只要不失敬人之意，哪怕具体做法一时失当，也容易获得服务对象的谅解。

2. 真诚的原则

服务礼仪中的真诚的原则，就是要求在服务过程中，必须待人以诚，只有如此，才能表达对客人的尊重与友好，才会更好地被对方所理解和接受。与此相反，倘若仅把礼仪作为一种道具和伪装，在实际中口是心非、言行不一，则有悖礼仪的基本宗旨。

3. 宽容的原则

宽容的原则，是要求在服务过程中，既要严于律己，又要宽以待人。要多体谅他人，多理解他人，学会与服务对象进行心理换位，不能咄咄逼人。这实际上也是尊重对方的一个表现。

4. 从俗的原则

因国情、民族、文化背景的不同，人际交往中存在着很大的差距。这就要求服务顾问在服务工作中，对本国或各国的礼仪文化、礼仪风俗以及宗教禁忌要有全面、准确的了解，以便在服务过程中得心应手，避免出现差错。

5. 适度的原则

适度的原则，是指应用礼仪时，要注意技巧，合乎规范，注意把握分寸、认真得体，因为凡事过犹不及。

2.4.3　服务接待礼仪规范

服务接待礼仪规范包括的内容有以下几方面。

1. 仪表礼仪

仪表即人的外表，它包括人的容貌、个人卫生、服饰、姿态等方面，是一个人精神外貌的外观体现。一个人的仪表与其生活情调、思想修养、道德品质和文明程度密切相关。

1) 男士仪表修饰要点

(1) 卫生。每天洗澡及更换衣服，勿在服务中出现口臭、汗臭、狐臭等异味。

(2) 剃须。若无特殊的宗教信仰或民族习惯，要养成每日修面剃须的好习惯，切忌胡子拉碴地在工作岗位上抛头露面。

(3) 修剪好鼻毛和耳毛，勿使其外现。

(4) 发型。男士的发型要长短适当，要求做到：前发不覆额，侧发不掩耳，后发不触领。不允许在工作之时长发披肩，或者梳发辫。

2) 女士仪表修饰规范

(1) 面部修饰规范。

① 洁净：工作中务必保持面部干净、清爽。

② 卫生：主要是保持面容的健康状况。

③ 自然：面部的修饰要自然，工作中要求化淡妆，切忌浓妆艳抹，要使"秀于外"与"慧于中"二者并举。

④ 口部的修饰：注意口腔的洁净，防止产生口臭等异味。服务前忌食葱、蒜、韭菜、烈酒、吸烟等。

(2) 肢体修饰规范。

① 保持手的干净。

② 不留长指甲，不涂鲜艳的指甲油以及在指甲上彩绘。

③ 不要腋毛外露。

④ 工作中，不穿露趾的凉鞋或拖鞋，以免显得过于散漫。穿着短裙时应穿长筒或连裤丝袜。

(3) 发部修饰规范。

① 整洁。人际交往中头发是否整洁，会直接影响到他人对自己的评价。

② 长短适当。女性应将长发盘起来、束起来或是编起来，或是置于工作帽之内，不可以披头散发。

③ 服务顾问不可以把头发染得五颜六色，这与服务者的身份是不相符的。

(4) 化妆的礼仪规范。

"淡妆上岗"是女性服务顾问的基本规范之一，要求工作时的妆容淡雅、自然、简洁、适度、避短。

化妆禁忌：

① 离奇出众。工作妆不能脱离自己的角色定位，追求荒诞、怪异、神秘的妆容，或者是有意使自己的化妆出格，从而产生令人咋舌的效果。

② 残妆示人。要经常在化妆后进行检查，以防止自己的妆容出现了残缺；尤其出汗之后、休息之后、用餐之后，应当及时自察妆容。

另外，不宜在公共场所化妆，不宜在工作岗位补妆。补妆之时，宜选择洗手间或无旁人的场所。

2. 服饰礼仪

汽车维修服务顾问的着装大多是公司统一发放的职业装。所谓职业装，是指在正式场合具有公众身份或者职业身份的着装。

职业装至少有三个作用：

• 企业形象的组成。服务顾问穿着某汽车企业的职业装，其一言一行既能代表该公司的经营理念，又让客户觉得可以信赖。

• 可识别代表某种身份。工作中不同的职业装会使岗位分类清晰。

• 便于工作。这是职业装最基本的要求。着装可识别、易于劳作。

职业装有别于日常穿着，回旋余地小，但在穿着上仍有几点要注意：

(1) 应与体型和谐。

服装与体型的关系最关键的是大小合身和长短相宜。由于部分企业的职业装是统一制作的，统一制作的服装在尺寸上存在着不尽如人意之处，服务顾问在挑选时应尽可能地挑选与体型一致的服装。

(2) 应与服饰的搭配相和谐。

穿着职业装时要讲究搭配，饰物的搭配可因个人的文化修养、事物见识而变化，但有些还是约定俗成的，比如穿套装、套裙就要搭配皮鞋，男性是黑色的系带皮鞋，女性要穿船型高跟皮鞋。

在服务中，以不佩戴首饰为佳。对于男性服务顾问来讲，尤其有必要如此。因为在一般情况下，男性佩戴饰品，往往很难为人们所接受。女性如需要佩戴，切记以少为佳。具体要求是：佩戴饰品时一般不宜超过两个品种，佩戴某一品种的饰品时则不应超过两件。不宜佩戴花哨和张扬个性的工艺饰品以及名贵的珠宝饰品。

(3) 穿着要点和原则。

穿着要点：和谐、大方、得体。

穿着原则：人们不会把注意力放在服饰上。

3. 仪态塑造

仪态在这里特指姿态。在日常生活中，仪态主要体现在以下几个方面。

1) 站姿

(1) 基本站姿。

① 躯干：挺胸、收腹、紧臀、颈直、头正、下颌微收。

② 面部：微笑，目视前方或注视被服务的客人。

③ 四肢：脚跟并拢，脚尖分开 (女士 30 度左右，男士 45 度左右)，收腹挺胸，提臀立腰，双臂下垂 (自然贴于身体两侧)，虎口向前，宽肩下沉，头正颈直，下颌微收，目光平视。

在服务过程中，男性与女性通常可以根据性别特点，在遵守基本站姿的基础上，做一些局部的变化，主要表现在手位与脚位上。

男性在站立时，要力求表现阳刚之美。具体来讲，在站立时，可以将一只手握住另一只手的外侧面，叠放于腹前，或者相握于身后。双脚可以分开，与肩同宽，如图2-5上图所示。但需要注意的是，在郑重地向客人致意的时候，必须脚跟并拢，双手叠放于腹前。

图2-5　基本站姿

女性在站立时，要力求表现阴柔之美，在遵守基本站姿的基础上，可将双手虎口相交叠放于腹前，如图 2-5 下图所示。

要特别注意的是，不论是男性还是女性，站立时一定要正面面对服务对象，切不可将自己的背部对着对方。

(2) 迎宾时的站姿。

迎宾时要求的站姿是规范、标准的站姿，即采用上述提到的基本站姿，双手相叠于腹前丹田处，表示对他人的尊重。宾客经过时，迎宾人员要面带微笑，并向客人行欠身礼或鞠躬礼，如图 2-6 所示。

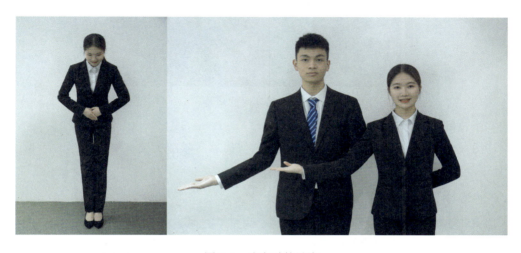

图 2-6　迎宾时的站姿

(3) 服务时的站姿。

为客人服务时，头部可以微微侧向客人，但一定要保持微笑。手臂可以持物，也可以自然地下垂，如图 2-7 所示。在手臂垂放时，从肩部至中指应当呈现出一条自然的垂线。

图 2-7　服务时的站姿

(4) 待客时的站姿。

待客时站姿的技巧主要有五点：一是手脚可以适当地放松，不必始终保持高度紧张的状态，如图 2-8 所示；二是可以在以一条腿为重心的同时，将另外一条腿向外侧稍稍伸出一些，使双脚呈叉开之状；三是双手可以采用体后背手，站姿稍做放松；四是双膝要伸直，不能出现弯曲；五是在肩、臂自由放松时要伸直脊背。兼顾上述五点，既可以使服务接待人员不失仪态美，又可以为其减缓疲劳。

图 2-8　待客时的站姿

(5) 不良的站姿。

不良的站姿包括身体歪斜、弯腰驼背、趴伏倚靠、双腿大叉、脚位不当、手位不当、半坐半立、身体乱动。

2) 坐姿

汽车维修服务顾问坐姿要求端庄、稳重、自然、亲切，如图 2-9 所示。

标准式

侧腿式

重叠式

前交叉式

标准式　　　　　　　　双手交握式　　　　　　　　前交叉式

图 2-9　基本坐姿

(1) 入座时，略轻而缓，但不失朝气，走到座位前面转身，右脚后退半步，左腿跟上，然后轻稳地坐下。

(2) 女子入座时，如穿裙子则要用手把裙子向前拢一下。坐下后上身正直，头正目平，嘴巴微闭，脸带微笑，腰背稍靠椅背。两手交放在两腿上，有扶手时可双手轻搭于扶手或一搭一放；两脚自然，小腿与地面基本垂直，两脚自然平落地面，男子两膝可适当分开，女子膝部则不分开。

(3) 如果是休闲坐姿，如"S"形坐姿，则要求上体与腿同时转向一侧，面向对方，形成一个优美的"S"形坐姿，这种坐法适用于侧面交谈。

无论哪种坐姿，都要自然放松，面带微笑。切忌下列几种坐姿：二郎腿坐姿、分腿坐姿、"O"形腿坐姿。男性最忌讳抖腿。

3) 行姿

走路的姿态能看出一个人的精神状态，如图 2-10 所示。走路时应该做到以下几点：

(1) 行走时要稳健、有速度，要抬头挺胸，身体重心前倾；切忌内八字和外八字、弯腰驼背或者肩部高低不平、双手摆动或臀部扭动幅度过大。

(2) 步子轻而稳，步幅不能过大，两臂前后自然摆动，两眼平视，肩部水平放松，上身平稳，不左右摇晃。

(3) 在任何地方遇到客人，都要主动问好，侧身礼让，不与客人抢道穿行。

(4) 当多人同行时，不要并排走，以免影响客人或他人通行，并注意随时准备为他人让路，切忌横冲直撞。

(5) 如引导客人前行，应走在客人侧前方 1 ～ 2 米处，五指并拢，抬臂指示方向，速度不宜过快或过慢，应和着客人的步子走。

图 2-10　基本行姿

4) 蹲姿

蹲姿的正确方式是右倾捡物品，左脚撤后约 20 厘米，下蹲后的关键是要保持上身正直，注意身体平衡，如图 2-11 所示。

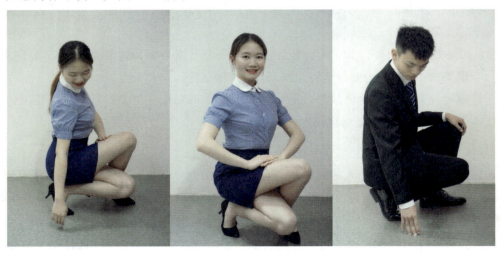

图 2-11　基本蹲姿

5) 手姿

(1) 手姿的基本原则。

① 使用规范化的手势。

② 注意区域性的差异，即注意不同地域、民族"手语"的差异。

③ 手势宜少忌多。

(2) 引导及指示的手姿。

① 横摆式：右手臂向外侧横向摆动抬至腰部或齐胸的高度，指尖指向被引导或指示的方向，如图 2-12 所示。它多适用于请人行进或为人指示方向。

图 2-12　横摆式

② 曲臂式：要求右手臂向外侧横向摆动，指尖指向前方，如图 2-13 所示。与横摆式不同的是，它要求将手臂抬至肩高，而非齐胸。它适用于引导方位或指示物品所在之处。

图 2-13　曲臂式

③ 斜臂式：右手臂由上向下斜伸摆动。它多适用于请人就座，如图 2-14 所示。

图 2-14　斜臂式

以上三种形式，都使用右手，且五指自然并拢。左手臂此时最佳的位置应为垂在身体一侧，或背于身后。

(3) 递接物品的手姿。

递接物品时应注意的事项有：

① 双手为宜。双手递物于人最佳，如图 2-15 所示。

图 2-15　递接物品的手势

② 递于手中。递给他人的物品，以直接交到对方手中为佳。万不得已，最好不要将所递物品放在他处。

③ 主动上前。若双方相距过远，那么递物者应当主动走近接物者。假如自己是坐着的，还应尽量在递物时起身站立为好。

④ 方便接拿。在递物于人时，应为对方留出便于接取物品的地方，不要让其接物时感到无从下手。将带有文字的物品递交他人时，还须使之正面朝向对方。

⑤ 尖、刃内向。将带尖、带刃或其他易于伤人的物品递于他人时，切勿以尖、刃直指对方。合乎服务礼仪的做法是使其朝向自己，或是朝向他处。

⑥ 接取物品时，目视对方，而不要只注视物品，且应以双手接物；必要时应当起身而立，并主动走近对方。

6) 表情神态

表情神态指的是人通过面部形态变化所表达的内心的思想感情，所表现出来的神情态度。服务顾问在服务过程中的表情神态应当是友好的、真诚的。

(1) 眼神。

在服务过程中，难免要与服务对象进行目光的交流，此时，要注意注视对方的方式。依照服务礼仪的规定，在注视对方面部时，一般以注视对方的眼睛或眼睛到下巴之间三角区域为好，表示全神贯注和洗耳恭听。在问候对方、听取诉说、征求意见、强调要点、表示诚意、与人道别时，皆可采用这样的注视方式。

（2）笑容。

服务时要面带微笑，意在为服务对象创造出一种轻松的氛围，同时也表现出服务顾问对服务对象的重视，如图2-16所示。因此，服务中要保持微笑，善于微笑。微笑的基本做法是：先放松自己的面部肌肉，然后使自己的嘴角微微向上翘起，让嘴唇略呈弧形，不牵动鼻子、不发出笑声、轻轻一笑。在问候、致意、与人交谈时，以露出上排八颗牙齿的笑容为宜，显得比较亲和。

图2-16　服务时满面微笑

4. 交谈礼仪

交谈礼仪在人际交往中占据着最基本、最重要的位置，是营销人员必须掌握的基本礼仪之一。服务顾问在与客户的交往中要做到礼貌用语，必须注意以下几点。

1）语言的用词

交谈中应多使用敬语、谦语、雅语。

（1）敬语。敬语是表示礼貌的词语。除了体现礼貌之外，多使用敬语还可体现一个人的文化修养。常用的敬语有"请"、第二人称中的"您"等，另外还有一些常用的词语，如初次见面称"久仰"，很久不见称"久违"，请人批评称"请教"，请人原谅称"包涵"，麻烦别人称"打扰"，托人办事称"拜托"，赞人见解称"高见"等等。除此之外还有敬语服务"六声"：客来有欢迎声，客离有告别声，体贴客人有问候声，受到表扬有致谢声，工作不足有道歉声，为客户办事有回声。

敬语的运用场合主要有：比较正规的社交场合，与师长或身份、地位较高的人交谈时，与人初次打交道或会见不太熟悉的人时，会议、谈判等公务场合。

（2）谦语。谦语是向人表示谦恭和自谦的一种词语，常用于在别人面前谦称自己和自己的亲属。例如，当别人询问"您贵姓"时应回答"免贵姓……"；称自己的爱人为"我家先生、夫人"；称亲属为"家严、家慈、家兄、家嫂"等。自谦和敬人是一个不可分割的统一体。尽管生活中谦语使用得不多，但其精神无处不在。只要在日常用语中表现出谦虚和诚恳，则会受到他人的尊重。

(3) 雅语。雅语是指一些比较文雅的词语。雅语常常在一些正规的场合以及一些有长辈和女性在场的情况下，被用来替代那些随便甚至粗俗的话语。例如：在待人接物中，如正在招待客人，在端茶时应该说"请用茶"；如果有点心招待，可以说"请用一些茶点"；假如先于别人结束用餐，应该向其他人打招呼说"请大家慢用"。

2) 谈话时的礼节

(1) 保持适当的谈话距离。

谈话的要求之一是使听者能够听清楚你的声音。从礼仪上说，谈话时若与对话者离得过远，会使对话者误认为不友好；如果离得过近，稍有不慎，就会把唾沫溅在别人脸上，这又是令人尴尬的事。因此从礼仪的角度来讲，一般谈话双方之间保持一到两人的距离最适合。这样既让对方感受到亲切，同时又保持了一定的"社交距离"，在主观感受上也是最舒服的。

(2) 恰当地称呼他人。

称呼的作用是唤起或明确对话者以及对对话者的尊重。在中国，称呼的另一重要作用是对对话者事业的肯定。人们比较看重自己已取得的地位，对有头衔的人称呼他的头衔，就是对他最大的尊重和肯定。若与有头衔的人关系非同一般，则直呼其名会更显亲切，但若是在公众场合和社交场合，称呼其头衔会更得体。对于学者，可以直接称呼其职称。在不清楚对方身份的情况下，可按照无大小之分的称谓来称呼，如"女士""先生"。

(3) 善于选择谈话的内容。

不管是名流显贵，还是平民百姓，作为交谈的双方，他们应该是平等的。交谈一般选择大家都感兴趣的话题，但是，有些敏感问题，如年龄、收入、婚姻状况以及个人物品的价值等，不谈为宜。谈论这些是不礼貌和缺乏教养的表现。与女性谈话，更应该回避女性不方便回答的话题。对对方不愿回答的问题不要追根究底。对对方反感的问题要表示歉意，或立即转移话题。

(4) 尊重对话者。

在自己讲话时，要给别人发表意见的机会；在别人讲话时，也应适时发表个人看法。要善于聆听对方谈话，不要轻易打断别人的发言。一般不提与谈话内容无关的问题，如对方谈到一些不便谈论的问题时，不要轻易表态，可转移话题。在相互交谈时，应目视对方，以示专心。对方发言时，不要左顾右盼、心不在焉，或注视别处，显出不耐烦的样子，也不要频繁看手表，或做出伸懒腰、玩东西等漫不经心的动作。

3) 接听电话时的礼节

(1) 接听电话要使用礼貌用语，如"您""请""对不起""谢谢"，接电话的态度要友好、亲切，音调适中，语速平缓。

(2) 上班时间必须保证电话畅通，严禁占用工作电话接听私人电话。

（3）不要让电话响过四声才接听，最好是响第三声便接听。

（4）电话接起时，要先问候客户并自报家门，如："您好／早上好／下午好！×公司×服务顾问，请问有什么可以帮到您的？"

（5）代接电话流程：

① 依照接电话标准，问候客户，通话过程中使用礼貌用语。

② 代接电话时应以非常友好的态度，如："对不起，先生／小姐，×正在接听电话／暂时不在位置上，有什么可以帮您的吗／请问您需要留言吗？"

③ 若代接人不能马上给客户回复，必须致歉并让客户留言，并及时告知同事给客户回电。

④ 留言必须记录清楚主要信息（如客户称谓、电话、车牌、内容），并让客户复述一遍，避免记错信息，留言必须使用专用留言便条。

⑤ 接到留言者应及时回复客户。

（6）电话预约或咨询。

① 依照接听电话标准，问候客户，通话过程中使用礼貌用语。

② 辨别客户来电的需求，如："我有什么可以帮您的呢／请问您是需要预约，还是需要一些技术帮助呢？"

③ 如客户需要服务预约，则应以亲切的态度告知客户，如"×先生／女士，我是负责服务预约的×"，记录预约车辆的相关信息（车型、车牌号、服务内容、预约时间等）。若接电话的人不负责预约，应对客户说："很抱歉，我这里不负责预约，请您拨打（电话号码），谢谢！""很抱歉，负责预约的同事现在不在位置上，请您留下您的电话，稍后让他给您回电，谢谢！"

④ 在做好预约记录后，还应尽可能了解客户是否有其他需求，可以在电话中询问一些有针对性的问题，如："我们还能为您再做些什么？""除此之外还有什么重要的事情需要我们做的吗？"如有额外的工作，应将其记录在预约表上。

⑤ 如客户要咨询，应耐心给客户做解答。

⑥ 当接到客户咨询的技术问题自己不能准确做出解答时，应记录详细的情况，并请客户留下联系方式，咨询相关人员后或请相关人员回复客户。

⑦ 在通话结束前，总结预约／咨询的细节，避免客户出现误解，对客户表示感谢并致以良好的祝愿。

（7）其他礼仪。

① 请来电者稍等的时候要说："先生／女士，请您稍候／请您稍等，我马上帮您查一查。"

② 不要请来电者等候超过半分钟，及时拿起电话说："先生／女士，对不起，让您久等了……"

③ 对于来电者咨询的问题，务必准确回答，不要含糊其词，如果不清楚，请其他有资质的同事给予答复。

④ 对于来电者的咨询，要注意聆听，不要在电话里论理，在适当的时候加一些反应："唔""我明白""我清楚"之类。

⑤ 请不要向着话筒叫嚷同事听电话，应稍用手掌按住话筒部位再叫同事接听；放下话筒找同事时，一定要轻放，不要让对方听到声音。

⑥ 挂上电话前要向对方致谢，等对方挂上电话后再轻轻将电话挂上。

⑦ 电话是不见面的沟通，"未见其人，只闻其声"，别忘了接听电话时要面带笑容，对方是能感觉到你的善意与友好的。

复 习 与 思 考

1. 汽车维修服务顾问的基本素质要求是什么？
2. 汽车维修服务顾问的岗位职责有哪些？

任 务 训 练

训练 1：站姿、坐姿、走姿仪态训练

(1) 分组练习：每组 10 位同学。

(2) 评分标准如下：

考 核 要 点	分 值	评 分	备 注
着装大方端正	10		
微笑，自信	10		
站姿规范	20		
坐姿端庄	20		
行姿标准	20		
妆容清丽（女）	20		
头发、胡须、面容整洁（男）			

训练 2：汽车维修接待礼仪训练

(1) 角色扮演：两位学生一组，互相扮演服务顾问和客户。

(2) 评分标准如下：

考 核 要 点	分 值	评 分	备 注
及时迎接客户并使用规范迎宾用语	20		
主动自我介绍	10		
谈话过程中对客户使用礼貌、恰当的称呼	20		
仪容、仪表、仪态自然大方端正	10		
招呼应对好与客户同行的人员	10		
交流态度热情诚恳，气氛愉悦，使客户无压迫感	20		
关注客户，及时解答客户疑问	10		

模块三 汽车维修服务接待的知识储备

 学习目标

◎ 知识目标

1. 熟知汽车维修的原则和作业内容。
2. 能够掌握维修的概念、意义。

◎ 技能目标

1. 具有较强的口头表达能力和沟通能力。
2. 能够就车观察，通过观察和询问了解必要的信息。
3. 熟知汽车的故障现象。

 3.1 汽车维修的基础知识

　　汽车维修通常是指汽车维护与修理。汽车维护是指定期对车辆进行检查、清洁、补给、润滑、调整或者更换零部件的预防性工作，旨在延长车辆的使用寿命，预防故障的发生以及消除安全隐患。汽车修理是指工作人员根据故障现象，通过技术手段，对汽车出现的故障进行排查，找出故障原因并采取一定的措施，使车辆性能得到恢复并达到安全指标。

　　汽车在使用期间，可能会因各种原因损坏、出现故障或处于非正常使用状态。汽车修理，顾名思义，是为了恢复汽车使用性能而进行的作业，包括分解、清洗、检验、修复、装配、调校等补偿性作业。同时，汽车由大量的零部件构成，随着车辆使用时间的增加，汽车因其磨损、老化、腐蚀等原因性能会降低，从而需要定期维护，通过定期调整和更换零部件等来保持其性能，保障车辆处于最佳状态，提前消除隐患，达到以下效果：

　　(1) 经常处于良好的状态，随时可以出车，提高车辆使用率。

(2) 提高可靠性、安全性，预防故障性问题的发生。

(3) 延长经济寿命。

(4) 降低燃油、润料以及轮胎的消耗，节约能源，减少污染。

3.2　常见汽车故障及诊断

3.2.1　发动机常见故障及诊断

1. 活塞敲缸响

1) 故障现象

(1) 发动机怠速时，在气缸上部发出清晰的"嗒嗒嗒"敲击声。

(2) 冷车时响声明显，热车时响声减弱或消失。

2) 故障原因及诊断

(1) 活塞与气缸壁的间隙过大，活塞在气缸内摆动，导致撞击气缸壁而发出声响。

(2) 活塞销与连杆衬套装配过紧。

(3) 活塞顶碰到气缸衬垫。

(4) 连杆变形。

2. 气缸垫烧蚀

1) 故障现象

(1) 发动机运转不平稳，排气管有"突突"的响声。

(2) 相邻两缸窜气，气缸压力降低。

(3) 气缸垫上的水道处窜气，致使发动机散热器内有气泡。

(4) 冷却液漏入气缸内，排白烟，发动机难以启动。

(5) 发动机温度高，有时会发现在发动机外部气缸垫上的边缘有漏水处。

2) 故障原因及诊断

(1) 气缸盖螺栓拧紧力不均匀，或拧紧力不够。

(2) 气缸体和气缸盖接合面变形。

(3) 发动机经常在大负荷、点火过早、发动机过热、爆震等情况下运行。

(4) 气缸垫本身质量差。

3. 怠速不稳

1) 故障现象

发动机启动正常，但不论冷车或热车，怠速均不稳定，怠速转速过低，易熄火。

2) 故障原因及诊断

(1) 节气门积炭。

(2) 传感器线路或接头有故障，引起喷油接收错误信号而调节。这些传感器主要有氧传感器 (导热不良、电源接触不良、头部积炭发黑)、进气温度传感器、进气压力传感器 (胶管堵塞、挤扁或漏气)、节气门位置传感器、空气流量传感器等。

(3) 燃油压力调节器有故障。

(4) 空气流量计有故障。

(5) 电控真空开关电磁阀有故障。

(6) ECU(电子控制单元) 有故障，如内部线路接触不良、腐蚀、氧化等。

4. 发动机加速不良

1) 故障现象

踩下加速踏板后发动机转速不能马上升高，有迟滞现象，加速反应迟缓，或在加速过程中发动机转速有轻微的波动，或出现"回火""放炮"现象。

2) 故障原因及诊断

(1) 混合气稀薄，燃油泵油压低，喷油器、汽油滤清器、进气歧管真空泄漏等。

(2) 节气门位置传感器或空气流量计、进气歧管绝对压力传感器故障。

(3) 点火提前角不正确。

(4) 火花塞或高压线不良、高压火花弱。

(5) 排气再循环系统工作不良。

(6) 排气管有堵塞现象。

5. 发动机动力不足

1) 故障现象

汽车高速行驶或上坡时，特别是重载情况下，发动机动力明显不足，加大油门，车速不能随之迅速提高；排气感觉沉闷，行驶无力，油耗直线上升。

2) 故障原因及诊断

(1) 高压火花过弱或点火不准时，包括中央高压线跳火过弱、高压分线火花过弱、点火线圈或点火器工作不良、点火提前角过大、点火提前角过小等。

(2) 可燃混合气不符合要求，包括可燃混合气过稀、可燃混合气过浓、喷油雾化不良、进入气缸可燃混合气数量不足、可燃混合气燃烧不正常等。

(3) 气缸压力不足。

(4) 真空管道泄漏。

(5) 排气管堵塞。

(6) 配气相位异常。

(7) 发动机自身的机械损失过大，如活塞与气缸配合过紧、曲轴箱机油过稠。

(8) 废气再循环阀不能关闭或不能正常工作。

3) 电控方面的原因

(1) 节气门位置传感器有故障，如节气门过脏、灵敏度下降、反应迟钝等。

(2) 空气流量传感器有故障，如所检测的数据不准或空气流量计热线上有积垢。

(3) 冷却液温度传感器有故障，如不能正确反映冷却液的温度，提供的信号错误等。

(4) 进气歧管压力传感器有故障，如不能输出信号，计算机按预先设置的信号使发动机维持运转，但预先设置的信号不能随真空度的变化进行调节，导致发动机性能下降。

(5) 曲轴位置传感器和凸轮轴位置传感器有故障，如不能正确传递转速信号，造成发动机点火不正时。

(6) 霍尔传感器有故障，如电脑工作不良，引起喷油时间过长，氧传感器检测到后，电脑便减少喷油脉宽，使混合气变稀，导致发动机工作不良。

(7) 线路接触不良，如喷油器线束侧连接器端子接触不良、搭铁线接触不良等。

6. 发动机抖动

1) 故障现象

发动机抖动，加速缓慢。

2) 故障原因及诊断

(1) 发动机的安装、支撑不牢固。

(2) 各运动部件磨损导致配合间隙过大。

(3) 曲轴飞轮组不平衡。

(4) 个别缸不工作（缺缸）。

(5) 燃料供给系和点火系工作不正常。

7. 发动机过热

1) 故障现象

汽车运行过程中，水温表显示在非正常范围内或水温过高，警告灯亮，并伴随有散热器冒出大量白色水蒸气，且发动机过热，易产生爆燃。

2) 故障原因及诊断

(1) 接头、软管、水封、水堵等部位漏水造成冷却液不足。

(2) 节温器失效，不能进行大循环。

(3) 散热器水垢过厚、堵塞或散热片过脏、变形、损坏。

(4) 电动冷却风扇电机损坏，温控开关损坏。

(5) 水泵工作不良，皮带打滑或断裂。

(6) 风扇皮带打滑或断裂，硅油式风扇离合器工作不良。

(7) 风扇叶片变形或角度不对或装反。

(8) 冷却水道堵塞或水垢过厚。

(9) 散热器盖密封不良或阀门工作不良。

(10) 发动机积炭过多。

(11) 长时间大负荷工作。

(12) 压缩比过大，缸压过高。

8. 发动机失速

1) 故障现象

发动机工作时，转速忽高忽低，这种现象即为发动机失速现象，其故障称为发动机失速故障。

2) 故障原因及诊断

造成发动机转速忽高忽低的原因有燃油喷射系统的故障，也有点火控制系统的故障，还有进气系统的故障。

(1) 进气系统存在漏气处，如各软管及连接处漏气、PVC 阀漏气、ECR 系统漏气、机油尺插口处漏气等。

(2) 空气滤清器滤芯过脏。

(3) 空气流量计工作不正常。

(4) 燃油喷射系统供油压力不稳，如油管变形，系统线路连接接触不良，燃油泵泵油压力不足，燃油压力调节器工作不稳定，燃油滤清器过脏，断路继电器触点抖动等。

(5) 点火正时不正确。

(6) 冷启动喷油器和温度正时开关工作不良。

(7) ECU 故障。

9. 机油消耗异常

1) 故障现象

(1) 排气管排蓝烟，机油加注口冒脉动蓝烟。

(2) 每天检查机油量，均会有明显减少。

2) 故障原因及诊断

(1) 活塞与缸壁配合间隙过大。

(2) 活塞环严重磨损使泵油现象加重。

(3) 气门导管磨损严重且气门油封损坏。

(4) 曲轴箱通风不良。

(5) 漏机油。

10. 机油压力过低

1) 故障现象

(1) 发动机启动后，机油压力很快降低，机油报警灯闪亮。

(2) 发动机运转过程中机油压力始终过低。

(3) 油底壳机油被稀释，油面增高，机油黏度变小，带有浓厚的汽油味。

2) 故障原因及诊断

(1) 机油量没有达到规定容量或机油黏度变小。

(2) 汽油或冷却液进入油底壳。

(3) 机油集滤器、机油滤清器脏、堵。

(4) 机油泵磨损严重。

(5) 限压阀调整弹簧弹力过低。

(6) 油道堵、泄露。

(7) 发动机曲轴轴承或连杆轴承配合间隙过大，或凸轮轴轴承间隙过大。

(8) 机油压力表、机油压力传感器及机油压力报警器工作不正常。

11. 汽油机冒黑烟

1) 故障现象

发动机运转时排气管排黑烟。

2) 一般故障原因及诊断

(1) 空气滤清器堵塞。

(2) 喷油器有故障，如雾化不良、滴漏或喷油压力过高。

(3) 燃油系统压力过高，如回油管堵塞，供油量过大，或调节器有故障。

(4) 空气泄漏或气门密封不严，内部泄漏。

(5) 点火系统能量太低，如火花塞跳火弱，从而引起积炭，影响燃烧质量。

(6) 气缸与活塞配合间隙过大。

3) 电控方面原因及诊断

(1) 氧传感器有故障，如供电线路断路，不能加热，氧传感器中毒或脏污。

(2) 空气流量计有故障，如计量错误或失调。

(3) 燃油压力调节器有故障，如油压调节器真空软管损坏或堵塞，就会造成调节器有时不受真空控制，从而造成燃油压力过高。

(4) 节气门位置传感器及其电路有故障。

(5) 进气压力传感器有故障，如不能提供正常的进气压力信号。

(6) 冷却液温度传感器有故障，如不能正确提供冷却液的温度。

(7) ECU 电脑程序故障。

(8) 装配失误，如把进气压力传感器的真空管接在进气歧管上。

(9) 搭铁线搭铁不良，如氧传感器的信号线与屏蔽搭铁拧在一起等。

12. 油耗过高

1) 故障现象

每百公里油耗超过规定的标准值。

2) 一般故障原因及诊断

(1) 空气滤清器受堵，使进气不畅，造成混合气过浓，或排气管受堵。

(2) 发动机冷却液温度过高或过低。冷却液温度过高，冷却液容易沸腾，动力下降，油耗增高；冷却液温度过低，混合气雾化不好，发动机功率下降，油耗增加。

(3) 点火正时不准确。

(4) 气缸压力过低。实践证明，气缸压力低于规定值，燃油消耗增加 20% ～ 25%。

(5) 配气相位不正确。

(6) 废气再循环阀卡滞而常开。

(7) 机油加注过多。

(8) 喷油器内部损坏或磨损严重。

(9) 发动机磨损严重，如拉缸、漏气等。

3) 电控方面的原因及诊断

(1) 冷却液温度传感器有故障，如传感器工作特性发生变化，就会造成喷油修正信号不准。

(2) 进气压力传感器有故障，如传感器输出压力过高，造成混合气过浓。

(3) 进气温度传感器有故障。

(4) 氧传感器有故障，如传感器内部短路，传感器电压为 0，电脑接收稀混合气信号指令增加喷油量。

(5) 节气门位置传感器有故障，如节气门位置信号错误。

(6) 空气流量计有故障。

(7) 油压调节器有故障。

(8) ECU 及连接器有故障。

(9) 爆燃传感器有故障。

(10) 活性炭罐有故障。

13. 消声器放炮

1) 故障现象

从消声器尾管中传出爆炸声，即发出"叭叭"声响。

2) 一般故障原因及诊断

(1) 个别缸断火。

(2) 点火过迟。

(3) 点火提前角过大。

(4) 废气再循环系统工作不正常 (EGR 阀打开得太早等)。

3) 电控方面的原因及诊断

(1) 怠速控制阀 (IAC) 有故障，如控制阀有积炭、关闭时有卡滞现象等。

(2) 节气门位置传感器与怠速 (IDL) 触点有故障，如怠速触点常开或常闭。

(3) 空气流量计有故障，如空气质量流量不准确。

(4) 冷却液温度传感器有故障。

(5) 曲轴位置传感器有故障，如内部叶片槽严重磨损、车速信号严重失真等。

(6) 凸轮轴位置传感器有故障。

(7) ECU 或连接器有故障。

(8) 点火器有故障，如热稳定性差等。

(9) 氧传感器有故障。

(10) 油压调节器有故障，如油压调节器膜片破裂，燃油经油压调节器进入气缸燃烧。

14. 燃油泵故障造成发动机不能启动

1) 故障现象

当打开点火开关启动发动机时，点火多次都不能启动，经检查发现，油箱中的燃油充足，其他各个系统均工作正常。

2) 故障原因及诊断

(1) 燃油泵电动机不能转动。

(2) ECU 中的主继电器出现故障。

(3) 发动机中传感器故障。

(4) 线路或油管连接处松动、接触不良，渗漏、线路短路或断路、点火开关接触不良等。

(5) 油泵压力不足。

3.2.2 常见底盘故障及诊断

1. 离合器打滑

1) 故障现象

(1) 汽车起步时，离合器踏板完全抬起时不能起步或者启动困难，发动机动力不能完全传出。

(2) 行驶中当发动机加速时，汽车速度不能随之提高，发动机的动力不能完全传递到传动部分，行驶无力。

(3) 负荷加大时离合器片容易过热，打滑较明显，严重时会散发焦味、冒烟，甚至烧坏离合器总成。

(4) 拉紧驻车制动器低挡起步时，发动机不熄火。

2) 故障原因及诊断

(1) 离合器踏板自由行程太小或没有自由行程。

(2) 离合器从动盘摩擦片磨损过薄、硬化、有油污、有腐蚀或铆钉外露。

(3) 离合器压盘过薄或压盘飞轮变形。

(4) 离合器压盘膜片弹簧过软或折断，使压盘处于半分离状态。

(5) 离合器与飞轮连接螺栓松动。

(6) 液压分离装置卡滞。

(7) 膜片弹簧离合器膜片弹力不足或膜片破裂。

2. 离合器分离不彻底

1) 故障现象

离合器的踏板踩到底后，主、从动盘没有完全分开，仍在接触，离合器处于半接合状态，发动机输出动力没有被完全切断，仍有动力输出。当发动机怠速运转时，踩下离合器踏板，挂挡时有齿轮撞击声，且难以挂上挡。如果勉强挂上挡，则在离合器踏板尚未完全分离时，汽车就开始行驶或发动机熄火。

2) 故障原因及诊断

(1) 离合器自由行程太大。

(2) 新换摩擦片太厚或从动盘正、反面装错。

(3) 从动盘及压盘钢片翘曲，摩擦片破裂或铆钉松动。

(4) 离合器盖固定螺栓部分松动。

(5) 液压离合器液压系统漏油造成油量不足或有空气侵入。

3. 离合器发抖

1) 故障现象

汽车用低速挡起步时，逐渐放松离合器踏板并徐徐踩下加速踏板，离合器不能平顺结合且产生抖动，严重时甚至产生整车抖动现象。

2) 故障原因及诊断

(1) 离合器摩擦片破裂变形，摩擦片不平，沾有油污。

(2) 铆钉头露出碰触压盘。

(3) 压盘模片翘曲不平或折断，飞轮工作面跳动严重。

(4) 从动盘花键槽与变速器第一轴花键过脏。

(5) 分离轴承套筒与其导管之间产生污垢，使分离轴承不能回位。

4. 离合器异响

1) 故障现象

当离合器分离或结合时，发出不正常的响声；当踏板放松时，异响消失。有时踏下或放松踏板时，都有不正常声响的现象。

2) 故障原因及诊断

(1) 离合器分离轴承缺润滑油或磨损烧蚀。

(2) 分离轴承回位弹簧过软、伸长或脱落。

(3) 离合器铆钉松动，钉头露出摩擦片，钢片破裂或减震弹簧磨损折断，分离叉卡滞。

(4) 发动机和变速器连接轴心线不在同一直线上。

5. 跳挡故障

1) 故障现象

汽车在加速、减速、重载、爬坡或汽车剧烈震动时，变速杆有时从某挡自动跳回空挡位置。跳挡一般在发动机中高速、负荷突然变化或车辆剧烈震动时发生。

2) 故障原因及诊断

(1) 变速器同步器接合套与拨叉轴轴向间隙太大。

(2) 自锁装置凹槽与定位钢球磨损松旷，定位弹簧过软或折断。

(3) 拨叉弯曲、过度磨损，使齿轮不能正常啮合；自锁装置的钢球未进入凹槽内或挂挡后齿轮未实现全齿长啮合。

(4) 常啮合齿轮轴向间隙太大，各轴轴向间隙或径向间隙太大；齿套磨损严重；齿轮沿齿长方向磨损成锥形。

(5) 变速器一轴、二轴、曲轴不同轴，或轴承磨损严重、松旷或轴向间隙过大，使相互啮合的齿轮在传动时摆动或窜动。

(6) 主轴的花键齿和滑动齿轮的花键槽磨损严重，在运转时上、下摆动而引起跳挡。

6. 换挡、挂挡困难故障

1) 故障现象

离合器在工作良好的条件下，变速杆不能正常挂上挡位，或者勉强挂入挡位后又很难退挡，齿轮发响。

2) 故障原因及诊断

(1) 变速器拨叉轴弯曲变形，端头有严重"毛刺"，严重锈蚀，造成变速叉轴移动困难。

(2) 变速器换挡杆、换挡拉杆连接松动。

(3) 变速器装配不良，各齿轮及轴的配合不符合技术标准。

7. 变速器异响

1) 故障现象

变速器齿轮有啮合声，轴承有运转声等。若在各挡都有连续响声，则为轴承损坏；若某挡位有连续、较尖细的响声，则为该挡齿轮响声；若挂上某挡时有断续、沉闷的冲击声，则为该挡个别齿折断；若停车时踩下离合器踏板不响，松开离合器踏板就响，则为常啮合齿轮响。

2) 故障原因及诊断

(1) 齿轮异响，齿轮磨损变薄，间隙过大，运转中有冲击；齿面啮合不良，如修理时没有成对更换齿轮，新旧齿轮搭配，齿轮不能正常啮合；齿面有金属疲劳剥落或个别齿损坏折断；齿轮与轴上的花键配合松旷，或齿轮的轴向间隙过大；轴弯曲或轴承松旷引起齿轮啮合间隙改变。

(2) 拨叉弯曲或拨叉修复时单边堆焊太厚，致使相关齿轮位置不准。

(3) 齿轮加工精度或热处理工艺不当等造成齿轮偏磨或齿形发生变化。

(4) 第一轴、第二轴弯曲变形。

(5) 第二轴紧固螺母松动或其他各轴轴向定位失准。

(6) 壳体轴承孔镗孔镶套修复后，两孔中心距发生变动或两轴线不平行。

(7) 若轴承响，则产生异响的原因是轴承磨损严重，轴承内（外）座圈与轴颈（孔）配合松动，轴承滚珠碎裂或有烧蚀麻点。

(8) 自锁装置凹槽、钢球磨损严重或自锁弹簧疲劳、折断，造成挂挡时越位而产生异响。

(9) 其他原因发响，如变速器内缺油，润滑油过稀、过稠或质量变坏；变速器内掉有异物；某些紧固螺栓松动；里程表软轴或里程表齿轮发响等。

8. 万向传动装置异响

1) 传动轴万向节响故障现象

(1) 汽车起步时，车身抖动，能听到"克啦、克啦"的撞击声，在车速变化时响声更加明显。

(2) 车辆在高速挡用小油门行驶时，响声增强，抖动更严重。

2) 中间轴承响故障现象

汽车正常行驶时，有一种无节奏的"呜呜"或"嗡嗡"的响声，速度越快响声越严重，有时也出现"咯噔咯噔"的响声。

3) 传动轴万向节响故障原因及诊断

(1) 由于长期缺油，万向节十字轴及滚针磨损松旷或滚针碎裂。

(2) 传动轴花键齿与叉管花键槽磨损松旷。

(3) 变速器第二轴（输出轴）花键齿与凸缘花键槽磨损严重。

(4) 车辆经常用高速挡制动停车。

(5) 各连接部位的螺栓松动。

4) 中间轴承响故障原因及诊断

(1) 轴承磨损严重或缺少润滑油。

(2) 滚珠轴承损坏。

(3) 支架橡胶套损坏或支架位置不正确、装配不当等致使轴承歪斜。

(4) 支架螺栓松动或松紧不一致。

9. 驱动桥异响

1) 主减速器齿轮响故障

(1) 故障现象。

① 汽车起步时，有"刚、刚"的声响；行进中突然抬油门，或空挡滑行时，听到"刚当"的撞击声。

② 汽车在加速或减速时，主减速器处出现连续的"嗯、嗯"声，同时驱动桥有发热现象。

③ 车辆行驶时，驱动桥发出间断的"哽哽"声，且随车速提高而增大。

(2) 故障原因及诊断。

① 啮合间隙太大。主、从动齿轮磨损或调整不当；主、从动齿轮轴承磨损而松旷；主动齿轮轴紧固螺母松动或调整不当；双级减速器圆柱主、从动齿轮磨损严重；从动齿轮铆钉或螺栓松动；圆柱从动齿轮固定螺栓松动（汽车起步时，有"刚、刚"的声响；行进中突然抬油门，或空挡滑行时，能听到撞击声）。

② 啮合间隙过小。主、从动齿轮装配间隙过小；啮合间隙不均匀；润滑油不足、变质、润滑不良（汽车在加速或减速时，主减速器处出现连续的"嗯、嗯"声，同时驱动桥有发热现象）。

2) 差速器响故障

(1) 故障现象。

① 汽车直线行驶或空挡滑行时，响声较轻或无响声，而挂挡转弯时响声严重，转弯越急响声越大。

② 汽车直线行驶且速度较慢时，有"咝咝"的齿面摩擦声。

③ 转弯时，出现"嗯嗯"的响声，车速越快，响声越大；有时有"咯叽、咯叽"的响声或"啃啃"的金属撞击声。

(2) 故障原因及诊断。

① 齿轮啮合间隙小。

② 行星齿轮在十字轴上运动时有阻滞甚至卡住现象，行星齿轮与半轴齿轮不配套（如单独更换某齿轮）。

3) 半轴和半轴套管响故障

(1) 故障现象。

① 半轴或套管弯曲，两者相互碰撞，轻微时出现"呲哽、呲哽"的碰擦声，严重时产生"咕隆"的撞击声。

② 花键磨损而与半轴齿轮配合间隙过大时，将出现"咯唷"的碰撞声。

③ 半轴花键损坏，会出现"咔、咔"的响声，甚至无法传递动力。

(2) 故障原因及诊断。

① 半轴弯曲、扭曲、折断；

② 差速锁止装置使用不当而打坏半轴齿轮或造成半轴花键损坏；

③ 半轴花键磨损松旷等。

4) 轴承响故障

(1) 故障现象。

① 出现杂乱而连续的响声。

② 汽车行驶时，驱动桥发出一种连续的"咯啦、咯啦"的响声，车速越快，响声越大。车辆行驶中发出"嗯、嗯"的响声或发出一种连续"咕咚、咕咚"的响声，车速越快，响声越大。

(2) 故障原因及诊断。

轴承响的故障原因为：轴承预紧度调整不当，或者轴承磨损松旷，应及时更换。

10. 转向不灵敏，操纵不稳定

1) 故障现象

汽车在行驶时，转向盘需要转过较大的角度才能控制汽车的行驶方向。

2) 故障原因及诊断

(1) 转向器啮合副主、从动件配合间隙过大。

(2) 转向器总成安装松动。

(3) 转向盘与转向轴连接部位松旷。

(4) 转向垂臂与转向垂臂轴连接松旷（花键磨损）。

(5) 转向节主销与衬套磨损后松旷。

(6) 车架弯曲变形。

(7) 前轮定位调整不当。

(8) 车轮轮毂轴承间隙过大。

11. 转向沉重

1) 故障现象

汽车行驶中转向时，转动转向盘感到沉重费力。

2) 转向器故障原因及诊断

(1) 转向器主动部分轴承过紧或从动部分与衬套配合过紧。

(2) 转向器主、从动部分的啮合间隙过小。

(3) 转向器缺油或无油。

(4) 转向器的转向轴弯曲或套管凹瘪造成互相碰擦。

(5) 转向盘弯曲变形。

(6) 齿轮齿条转向器与齿条啮合间隙过小。

3) 传动机构故障原因及诊断

(1) 转向节主销后倾角过大、内倾角过大或前轮负外倾。

(2) 转向横、直拉杆球头连接处连接过紧或缺油。

(3) 转向节止推轴承缺油或损坏。

(4) 转向节主销与转向节衬套配合过紧或缺油。

4) 动力转向装置故障原因及诊断

(1) 液压助力泵皮带松动。

(2) 油面过低。

(3) 转阀、滑阀发卡。

(4) 转向助力泵压力不够或泄漏。

(5) 管路中有空气，管路接头泄漏。

(6) 动力缸或分配阀密封圈损坏。

5) 其他故障原因及诊断

(1) 转向轮胎气压不足。

(2) 转向轮定位调整不当。

(3) 转向轴或车架变形。

12. 单边转向不足

1) 故障现象

汽车转弯行驶时，左、右转弯量明显不均，一边转弯半径大，一边转弯半径小。

2) 故障原因及诊断

(1) 转向摇臂安装位置不对。

(2) 转向角限位螺钉调整不当。

(3) 前钢板弹簧、前面螺栓松动，或中心螺栓松动。

(4) 直拉杆弯曲变形。

(5) 钢板弹簧安装位置不正，或是中心不对称的前钢板弹簧装反。

13. 行驶跑偏

1) 故障现象

汽车直线行驶时，转向轮自动偏向一边，驾驶员必须紧握转向盘，不断校正方向，才能保持直线行驶；有时行进中会突感方向往一侧偏转，其偏转力越来越大等。

2) 故障原因及诊断

(1) 两侧的轮胎花纹不一样或花纹不一样深。最好全车都使用同一种型号的轮胎，至少同轴的两个轮胎必须是一样的，而且花纹深度必须一样；超过磨损极限的轮胎必须更换。

(2) 两侧轮胎气压不等。轮胎气压不等会使轮胎变得大小不一样，滚动起来必然会跑偏。

(3) 前减振器弹簧变形，两侧缓冲不一致。可通过按压或拆卸后比较来判断减振器弹簧的好坏。

(4) 前减振器失效。前减振器失效后在车辆行驶中两悬挂一高一低，受力不均匀，导致跑偏。可以通过专用减振测试仪来检测减振器的吸收度，判断减振器的好坏，及时修理。

(5) 车辆底盘部件磨损过大存在不正常间隙。转向拉杆球头、支撑臂胶套、稳定杆胶套等是常见的间隙易过大的部位，应举升车辆仔细检查。

(6) 某个车轮的制动器回位不良也会导致方向跑偏。这相当于一侧车轮始终施加部分制动，行驶起来车辆必然会跑偏。

(7) 车架总体变形。两侧轴距相差过大，超出最大允许范围；可以通过卷尺来测量，如超出范围必须用校正台进行校正。

14. 转向盘自动回正不良

1) 故障现象

汽车行驶时，转动转向盘，然后松开手，转向盘不能自动回到中间位置。

2) 机械转向部分故障原因及诊断

(1) 轮胎气压过低。

(2) 各拉杆、球头节等润滑不良。

(3) 转向螺杆轴承过紧。

(4) 前轮定位失准。

(5) 转向器松动。

(6) 齿条齿扇啮合间隙过大。

(7) 转向器未调到中间位置。

(8) 转向柱与转向柱管擦碰。

3) 动力转向部分故障原因及诊断

(1) 转向器流量控制阀卡滞。

(2) 转向器转阀或滑阀卡滞。

(3) 回油管扭曲堵塞。

15. 轮胎损伤

1) 轮胎胎肩及胎壁损伤的故障现象

轮胎两胎肩磨损，胎壁擦伤。

2) 轮胎胎肩及胎壁损伤故障原因及诊断

(1) 轮胎气压不足。

(2) 轮胎超载。

3) 轮胎胎冠中部磨损的故障现象

轮胎胎冠中部磨损。

4) 轮胎胎冠中部磨损故障原因及诊断

轮胎气压过高，或轮胎缺少换位。

5) 胎冠外侧或内侧磨损的故障现象

胎冠外侧磨损或胎冠内侧磨损。

6) 胎冠外侧或内侧磨损故障原因及诊断

(1) 胎冠外侧磨损的原因：车轮外倾角过大，经常高速转弯，前轴弯曲变形。

(2) 胎冠内侧磨损的原因：车轮外倾角过小，经常高速转弯，前轴弯曲变形。

7) 胎冠由外侧向里侧（或相反）呈锯齿状磨损的故障现象

(1) 胎冠由外侧向里侧磨损成锯齿形。

(2) 胎冠由内侧向外侧磨损成锯齿形。

8) 胎冠由外侧向里侧（或相反）呈锯齿状磨损故障原因及诊断

(1) 胎冠由外侧向里侧磨损成锯齿形原因：前束过大。

(2) 胎冠由内侧向外侧磨损成锯齿形原因：前束过小，甚至负前束。

9) 胎冠呈波浪状和蝶边状磨损的故障现象

胎冠呈波浪状和碟边状磨损。

10) 胎冠呈波浪状和蝶边状磨损故障原因及诊断

(1) 轮胎不平衡，定位不当。

(2) 轮毂松旷。

(3) 轮辋拱曲变形。

(4) 经常使用紧急制动。

(5) 车轮轴承松旷及悬架的间隙过大。

16. 液压制动跑偏

1) 故障现象

汽车制动时自动向一侧偏驶，即为制动跑偏。

2) 故障原因及诊断

(1) 某轮缸的进油管被压扁、堵塞，或进油软管老化、发胀，造成进油不畅、进油管接头松动漏油。

(2) 某轮缸的缸筒、活塞、橡胶皮碗磨损漏油，导致压力下降。

(3) 制动系统某个支路或轮缸内有空气未排出。

(4) 各车轮制动器的制动间隙不一致。

(5) 各车轮制动器的制动鼓的圆度、圆柱度，盘式制动器的制动盘厚度不符合标准。

(6) 各车轮制动器的制动蹄回位弹簧弹力相差过大。

17. 液压制动拖滞

1) 故障现象

制动拖滞故障也称制动发咬。使用制动后，再放松制动踏板，汽车不能立即起步。汽车行驶中感到无力，行驶一段距离后，尽管未使用制动器，但仍有某一制动鼓（盘）或全车制动鼓（盘）发热。制动拖滞故障分为全车制动拖滞和个别车轮制动拖滞两种。

2) 液压制动总泵（主缸）故障原因及诊断

(1) 制动踏板没有自由行程，或踏板回位弹簧松脱、折断、太软。

(2) 制动踏板轴锈蚀，磨损发卡，回位弹簧不能回位。

(3) 制动液太脏或黏度太大，使得回油困难。

(4) 制动总泵回油孔、旁通孔被脏物堵塞。

(5) 制动总泵活塞发卡、橡胶皮碗发胀，使其回位不灵活，堵住总泵回油孔。

(6) 制动总泵活塞回位弹簧过软或折断。

(7) 制动总泵回油阀弹簧过硬。

3) 助力伺服机构故障原因及诊断

(1) 真空增压器伺服气室膜片回位弹簧过软。

(2) 真空增压器的控制阀膜片弹簧过软。

(3) 真空增压器的控制阀、空气阀与真空阀间距过大，使真空阀与阀座距离变小。

(4) 真空增压器的控制阀活塞发卡，或橡胶碗发胀，使活塞运动不灵活。

(5) 真空助力器的伺服气室活塞回位弹簧过软。

(6) 真空助力器的伺服气室壳体变形使活塞回位困难。

4) 其他故障原因及诊断

(1) 轮毂轴承调整不当，使制动鼓歪斜与制动蹄摩擦片接触。

(2) 行车制动兼驻车制动的手刹杆未放松，或钢索调整不当。

18. 液压制动不良

1) 故障现象

(1) 制动时不能迅速减速或停车。

(2) 踏下第一脚制动踏板时制动不灵；连续踩踏制动踏板，踏板逐渐升高，但感到软弱，并且制动效果不佳。

2) 油路故障原因及诊断

油液不足、变质，管路漏油或漏气。

3) 制动总泵（主缸）、分泵（轮缸）故障原因及诊断

(1) 液压制动总泵和分泵橡胶碗、橡胶圈老化、发胀或磨损、变形，活塞与缸壁磨损过大。

(2) 液压制动总泵、分泵回位阀弹簧过软、折断、自由长度不足。

(3) 出油阀、回油阀密封不严，贮液室内制动液不足。

4) 制动踏板自由行程故障原因及诊断

制动踏板自由行程过大，制动主缸和工作缸推杆调整不当或松动，踏板传动机构松旷。

5) 真空增压装置故障原因及诊断

(1) 真空管路漏气。

(2) 控制阀阀门密封不严，气室膜片破损，控制阀活塞和橡胶圈磨损。

(3) 增压缸活塞磨损过多，橡胶圈磨损，回位弹簧过软。

6) 制动器故障原因及诊断

(1) 制动蹄摩擦片磨损严重，摩擦片与制动鼓之间的间隙过大，制动盘磨损过薄或制动鼓制动盘工作表面有油污。

(2) 制动蹄摩擦片与制动鼓接触状态不佳。

(3) 制动盘翘曲变形，制动鼓圆度、圆柱度超差。

(4) 制动蹄片表面烧焦，蹄片松动、脱落，铆钉露出。

(5) 鼓式车轮制动器浸水。

(6) 制动蹄回位弹簧过硬，制动蹄轴锈蚀卡死。

19. 液压制动失效

1) 故障现象

汽车行驶中，将制动踏板踩到底，制动装置根本不起作用，或在使用一次或几次制动后，制动装置突然不起作用。制动失效故障又分为整车制动失效和个别车轮制动失效两种。制动失效故障突发性强，往往后果严重，属于恶性故障。

2) 液压制动总泵（主缸）故障原因及诊断

(1) 制动总泵内制动液严重不足。

(2) 制动总泵橡胶皮碗、橡胶圈严重磨损，或橡胶皮碗被踏翻。

(3) 制动总泵至制动分泵的管路断裂，或接头松脱，严重漏油，或制动踏板传动机构脱落、断裂。

3) 液压制动分泵（轮缸）故障原因及诊断

(1) 制动分泵橡胶皮碗严重破损，或橡胶皮碗被顶翻。

(2) 制动分泵进油管被压扁、堵死。

(3) 制动分泵排空气螺钉松脱、丢失。

4) 车轮制动器故障原因及诊断

(1) 制动蹄摩擦片大面积脱落，摩擦片严重烧蚀。

(2) 制动鼓、制动盘开裂、破碎。

3.2.3 电气设备常见故障及诊断

1. 蓄电池常见故障

1) 蓄电池过充电故障现象

(1) 注液盖色泽变黄，变红。

(2) 外壳变形。

(3) 隔板炭化、变形。

(4) 正极极柱腐蚀、断裂。

2) 故障原因及诊断

(1) 充电器电压、电流设置过高。

(2) 充电时间过长。

(3) 频繁充电。

(4) 放电量小而充电量大。

(5) 充电机故障。

2. 蓄电池电量不足

1) 故障现象

(1) 密度低，充电结束后达不到规定要求。

(2) 工作时间短，很快就亏电。

(3) 工作时仪表显示容量下降快。

2) 故障原因及诊断

(1) 充电时间短或充电器电压、电流设置过低。

(2) 长时间大电流放电或初充电不足。

(3) 发电机或充电机故障。

3. 蓄电池过放电

1) 故障现象

(1) 充电后电解液密度低。

(2) 正、负极板弯曲，断裂。

2) 故障原因及诊断

(1) 蓄电池充电不足而继续使用。

(2) 蓄电池组短路。

(3) 小电流长时间放电。

4. 发电机充电电流过大

1) 故障现象

在蓄电池不亏电的情况下，发电机充电电流仍在 10 A 以上；汽车灯泡易烧；蓄电池温度过高；点火线圈或发电机过热。

2) 故障原因及诊断

(1) 电压调节器调节电压过高或调节器失效。

(2) 发电机磁场线圈搭铁或导线接错。

5. 发电机充电电流过小

1) 故障现象

发动机中速以上运转时，灯光暗淡，电喇叭声音小，电流表指示充电电流始终在 5 A 以下；蓄电池经常存电不足而使启动机运转缓慢。

2) 故障原因及诊断

(1) 发电机皮带打滑。

(2) 充电线路故障。

(3) 磁场继电器故障。

(4) 发电机故障。

(5) 调节器故障。

6. 发电机不充电

1) 故障现象

发动机启动后，仪表盘上的充电指示灯始终亮着，这说明发电机出现了不发电状况。

2) 故障原因及诊断

(1) 发电机的传动带过松而打滑，发电机不转或转速过低而不发电。

(2) 发电机磁场绕组短路、断路或搭铁而导致磁场电流减小或不通。

(3) 定子绕组短路、断路或搭铁故障。

(4) 电刷与滑环接触不良。

(5) 磁场继电器故障。

(6) 调节器故障。

7. 充电指示灯时亮时灭

1) 故障现象

接通点火开关和发动机正常运转时，充电指示灯不稳定，时亮时灭。

2) 故障原因及诊断

(1) 发电机传动带挠度过大而出现打滑现象。

(2) 发电机整流二极管断路、定子绕组接触不良或断路而导致发电机输出功率降低。

(3) 发电机电刷磨损过多。

(4) 调节器调节电压过低。

(5) 相关线路接触不良。

8. 启动机空转

1) 故障现象

接通点火开关至启动挡，启动机高速空转，但发动机曲轴不转动。

2) 故障原因及诊断

(1) 单向离合器打滑。

(2) 拔叉电磁开关或单向离合器与拔叉环脱开。

(3) 飞轮齿圈或启动机齿轮磨损严重，齿啮合不上。

(4) 启动机电枢轴支承衬套磨损严重。

9. 启动机不运转

1) 故障现象

将点火钥匙旋至点火开关启动位置时，启动机不运转。

2) 故障原因及诊断

(1) 蓄电池亏电，或连接导线断路、接头松脱。

(2) 启动继电器触点严重烧蚀或其线圈短路。

(3) 启动机电磁开关的触点严重烧蚀或其吸拉线圈短路。

(4) 启动机直流电动机内部绕组断路或短路。

(5) 启动机电枢轴弯曲，轴与轴承间隙过紧。

(6) 换向器严重烧蚀，电刷磨损过多，电刷在刷架内卡住或压刷弹簧过软。

(7) 点火开关故障。

10. 启动机运转无力

1) 故障现象

将点火钥匙旋至点火开关启动位置时，启动机能启动，但转动缓慢无力，不能启动发动机。

2) 故障原因及诊断

(1) 蓄电池存电不足或启动电路导线接头松动而接触不良。

(2) 电刷与换向器接触不良，电动机绕组局部短路。

(3) 电动机轴转动不灵活或发动机装配过紧而使转动阻力过大。

11. 启动机异响

1) 故障现象

启动机在启动瞬间出现异常的撞击声。

2) 故障原因及诊断

(1) 齿顶缺损不能正常啮合。

(2) 启动机安装不当，齿侧间隙太小。

(3) 啮合弹簧过软或折断。

12. 前照灯远、近光不亮故障

1) 故障现象

车灯开关虽处于接通位置，但近光、远光不亮。

2) 故障原因及诊断

(1) 变光器损坏。

(2) 线路故障。

(3) 灯泡灯丝烧断。

(4) 保险丝烧断或继电器损坏。

13. 转向信号灯不工作

1) 故障现象

打开点火开关，接通转向信号灯开关，转向灯都不亮。

2) 故障原因及诊断

(1) 熔断器熔断、电源线路断路或灯系中有短路。

(2) 闪光继电器损坏。

(3) 转向信号灯开关损坏。

14. 雨刷器故障

1) 雨刷器电机、电源和电路故障原因及诊断

(1) 电机转子断线及碳刷磨损，引起电流不能通过电机。对此应更换碳刷或转子以及电机。

(2) 通电 4 ~ 5 分钟时电机过热，表明电机烧坏，应更换电机。

(3) 电机内部短路及烧损，雨刷器的保险丝熔断。应修理短路处或更换电机。

(4) 由于雨刷器电路的其他元件损坏而熔断保险丝。此时，应检查其他元件的工作状况，更换损坏的元件。

(5) 检查电机附近的配件，检查接线柱的装配状态。

(6) 对照各连接软线的颜色，检查接线有无接错；若接错，应改接正确。

(7) 检查地线，若接触不良，应予修理。

(8) 当开关接触不良，电机不通电时，应更换开关。

(9) 检查连杆部分，当连杆的其他元件和配线挂住或连杆脱落时，应予以修理。

(10) 检查摇臂是否能向前、向后移动，若摇臂烧坏、锈死不能移动，则添加润滑油或更换。

2) 雨刷器动作迟缓的故障原因及诊断

(1) 雨刷器刮片和玻璃外表面脏污。

(2) 电源电压过低。

(3) 导线接触不良。

(4) 电机轴承和减速齿轮润滑不良。

(5) 电机碳刷与整流子接触不良。

(6) 碳刷弹簧过软等。

3) 雨刷器突然停摆的故障原因及诊断

拉杆卡在减速器壳中，或由保险丝熔断造成。

4) 雨刷器停位不当的故障原因及诊断

(1) 因调整不当，雨刷器摆动不对称。此时应拧松轴上的紧固螺母，使雨刷杆绕轴转动到挡风玻璃的适当位置，再拧紧螺母。

(2) 雨刷器电机一端的自复位器搭铁不良或触点脏污而接触不良，或自动复位器停止位置不当时，应打开自动复位器盖清洁触点，并检查线路搭铁情况。

15. 电动车窗常见故障

1) 玻璃升降器不工作故障原因及诊断

(1) 熔断器断路。

(2) 连接导线断路或相关插接件松脱。

(3) 有关继电器、开关损坏。

(4) 电动机损坏。

(5) 搭铁线锈蚀、松动。

2) 车窗不能升降或只能一个方向运动故障原因及诊断

(1) 车窗开关或电动机损坏。

(2) 导线断路或插接件松脱。

(3) 安全开关故障。

3) 升降机工作时有异响故障原因及诊断

(1) 安装时未调整好。

(2) 卷丝筒内钢丝跳槽。

(3) 滑动支架内传动钢丝夹转动。

(4) 电动机盖板或固定架与玻璃碰擦等机械故障。

16. 仪表常见故障

1) 水温表常见故障原因及诊断

(1) 发动机工作时，指针不动或指针总指在低温处。

此时若燃油表或其他警告灯不工作，则故障在点火开关至蓄电池之间；若燃油表工作，则故障在水温表与水温传感器之间，可将水温传感器的导线插头拔出，并作瞬时搭铁试验。如表工作，则传感器有故障，应更换；若指针不动，则故障发生在水温传感器导线或水温表上，应更换导线或水温表。

(2) 当接通点火开关后，指针指向最高温度，此时可拔出水温传感器上的导线插头。若指针退回低温处，则说明传感器失效，应更换；若指针不能退回低温处，则说明经过水温表后的导线搭铁。

2) 燃油表常见故障原因及诊断

(1) 接通点火开关后指针指向"无油"位置(事实上油箱有油)。此时若水温表和其他警告灯不工作，则故障在点火开关至蓄电池之间；若水温表工作，则故障在表与传感器之间，拆下传感器导线，做搭铁试验；若表工作，则故障在传感器上，应更换；若指针仍不动，则故障在传感器导线或燃油表上。

(2) 接通点火开关后，指针指向"油满"位置(事实上油箱未满)。这时拆下传感器的导线接头，指针若退回，则表明传感器有故障，应更换；若指针不能退回，则表明传感器导线搭铁。

3) 车速里程表常见故障原因及诊断

(1) 车速里程表不工作，原因有软轴折损、主动小齿轮损坏、表损坏或软轴连接螺母未紧固，应更换软轴、主动小齿轮、表或紧固软轴连接螺母。

(2) 车速里程表指针不稳定，原因有软轴折损、表损坏或软轴的锁紧螺母安装不良，应更换软轴、表或改变软轴螺母的安装方法。

17. 喇叭不响

1) 故障现象

打开点火开关，按动喇叭按钮，喇叭不响。

2) 故障原因及诊断

(1) 喇叭损坏。

(2) 熔断器烧断。

(3) 喇叭继电器损坏。

(4) 喇叭开关损坏。

(5) 线路出现故障。

18. 空调不制冷

1) 制冷系统故障原因及诊断

(1) 制冷系统无制冷剂，查找泄漏原因并排除泄漏故障后，再充注制冷剂。

(2) 储液干燥器脏污堵塞，则更换储液干燥器。

(3) 膨胀阀进口滤网完全脏堵，则清洗或更换进口滤网。

(4) 膨胀阀阀门不能打开，则更换膨胀阀。

(5) 当发动机以不同转速运行时，高低压侧压力仅有微小变化，说明压缩机进排气阀片损坏，失去吸气和排气能力。检修压缩机进排气阀片组件或更换相同型号规格的压缩机。制冷管路破裂或裂纹，高低压侧压力为零，则利用检漏仪检漏，检修制冷管路。

2）控制系统与控制电路故障原因及诊断

（1）电磁离合器线圈搭铁不良或脱焊断路，则检查电磁离合器线圈及有关电路，拧紧搭铁端子或重新焊接脱焊端头。

（2）电路熔断器烧断，则检查更换熔断器开关。

（3）鼓风机不转，则检修鼓风机开关、熔断器、电动机及其调速电阻。

3）调控系统故障原因及诊断

（1）热水阀不能关闭，则检修或更换热水阀控制器件。

（2）空气混合门位置不当，则调整空气混合门，使其处于制冷位置。

4）机械系统故障原因及诊断

（1）压缩机驱动带松弛或折断，则检查调整驱动带挠度或更换新品。

（2）压缩机机件损坏卡死不能转动，则检修或更换压缩机。

（3）鼓风机机件损坏卡死不能转动，则检修或更换鼓风机。

19. 空调系统制冷不足

1）故障现象

空调制冷效果差，制冷速度慢。

2）故障原因及诊断

（1）制冷剂不足，系统脏堵。

（2）冷凝器风机不转。

（3）冷凝器周围空气流通不畅。

（4）冷却不良。

（5）蒸发器风道被灰尘和杂物堵塞。

（6）压缩机电磁离合器打滑。

（7）压缩机损坏，内部泄漏。

（8）外循环风门未关，车外热空气进入车内。

3.3　汽车常规维护

3.3.1　汽车维护的分类

汽车维护可分为定期维护和非定期维护两大类。定期维护可分为日常维护、一级维护和二级维护。非定期维护分为走合维护、季节性维护（按需维护）、免拆维护（新型维护方式），如图 3-1 所示。根据《汽车维护、检测、诊断技术规范》(GB/T 18344—2016) 的有关规定，汽车一、二级维护的周期即间隔里程或使用时间间隔，以汽车生产厂家规定为准。轿车一般根据品牌的不同，遵照汽车制造厂规定的维护周期可有略微不同。

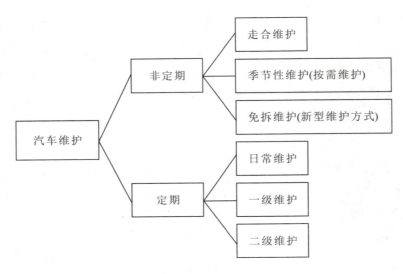

图 3-1　汽车维护的分类

汽车定期维护指为保障车辆性能而在厂商规定的时间或者里程内做的维护。本书主要介绍定期维护。

3.3.2　日常维护

日常维护是指以清洁、补给和安全性能检验为中心内容的维护作业。

1. 轿车日常维护流程

轿车日常维护流程如图 3-2 所示。

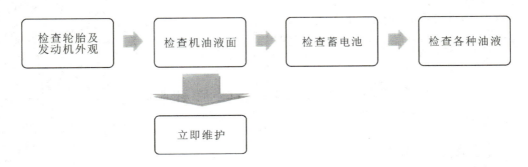

图 3-2　轿车日常维护流程

2. 日常维护作业及技术要求

根据《汽车维护、检测、诊断技术规范》(GB/T 18344—2016) 规定，轿车日常维护作业和技术要求如表 3-1 所示。

表 3-1 轿车日常维护作业和技术要求

序号	作业项目	作业内容	技术要求	维护周期
1	车辆外观及附属设施	检查、清洁车身	车身外观及客车车厢内部整洁，车窗玻璃齐全、完好	出车前或收车后
		检查后视镜，调整后视镜角度	后视镜完好、无损毁，视野良好	出车前
		检查灭火器、客车安全锤	灭火器配备数量及放置位置符合规定，且在有效期内。客车安全锤配备数量及放置位置符合规定*	出车前或收车后
		检查安全带	安全带固定可靠、功能有效	出车前或收车后
		检查风窗玻璃刮水器	刮水器各挡位工作正常	出车前
2	发动机	检查发动机润滑油、冷却液面高度，视情况补给	油（液）面高度符合规定	出车前
3	制动	制动系统自检	自检正常，无制动报警灯闪亮	出车前
		检查制动液液面高度，视情况补给	液面高度符合规定	出车前
		检查行车制动、驻车制动	行车制动、驻车制动功能正常	出车前
4	车轮及轮胎	检查轮胎外观、气压	轮胎表面无破裂、凸起、异物刺入及异常磨损，轮胎气压符合规定	出车前、行车中
		检查车轮螺栓、螺母	齐全完好，无松动	出车前
5	照明、信号指示装置及仪表	检查前照灯	前照灯完好、有效，表面清洁，远近光变换正常	出车前
		检查信号指示装置	转向灯、制动灯、示廓灯、危险报警灯、雾灯、喇叭、标志灯及反射器等信号指示装置完好有效，表面清洁	出车前
		检查仪表	工作正常	出车前、行车中

*"符合规定"指符合车辆维修资料等有关技术文件的规定，以下同。

3.3.3 一级维护

1. 一级维护流程

一级维护是除日常维护作业外，以润滑、紧固为主的作业内容，并检查有关制动、操纵等系统中的安全部件的维护作业，如图 3-3 所示。

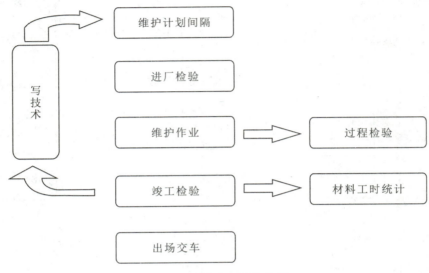

图 3-3 轿车一级维护流程

2. 一级维护作业及技术标准

根据《汽车维护、检测、诊断技术规范》(GB/T 18344—2016) 规定，轿车一级维护作业和技术要求如表 3-2 所示。

表 3-2 轿车一级维护作业和技术要求

序号	作业项目		作业内容	技术要求
1	发动机	空气滤清器、机油滤清器和燃油滤清器	清洁或更换	按规定的里程或时间清洁或更换滤清器。滤清器应清洁，衬垫无残缺，滤芯无破损。滤清器安装牢固，密封良好
2		发动机润滑油及冷却液	检查油（液）面高度，视情况更换	按规定的里程或时间更换润滑油、冷却液，油（液）面高度符合规定
3	转向系	部件连接	检查、校紧万向节、横直拉杆、球头销和转向节等部位连接螺栓、螺母	各部件连接可靠
4		转向器润滑油及转向助力油	检查油面高度，视情况更换	按规定的里程或时间更换转向器润滑油及转向助力油，油面高度符合规定

续表

序号	作业项目		作业内容	技术要求
5	制动系	制动管路、制动阀及接头	检查制动管路、制动阀及接头，校紧接头	制动管路、制动阀固定可靠，接头紧固，无漏气（油）现象
6		缓速器	检查、校紧缓速器连接螺栓、螺母，检查定子与转子间隙，清洁缓速器	缓速器连接紧固，定子与转子间隙符合规定，缓速器外表、定子与转子间清洁，各插接件与接头连接可靠
7		储气筒	检查储气筒	无积水及油污
8		制动液	检查液面高度，视情况更换	按规定的里程或时间更换制动液，液面高度符合规定
9	传动系	各连接部位	检查、校紧变速器、传动轴、驱动桥壳、传动轴支撑等部位连接螺栓、螺母	各部位连接可靠，密封良好
10		变速器、主减速器和差速器	清洁通气孔	通气孔通畅
11	车轮	车轮及半轴的螺栓、螺母	校紧车轮及半轴的螺栓、螺母	扭紧力矩符合规定
12		轮辋及压条挡圈	检查轮辋及压条挡圈	轮辋及压条挡圈无裂损及变形
13	其他	蓄电池	检查蓄电池	液面高度符合规定，通气孔畅通，电桩、夹头清洁、牢固，免维护蓄电池电量状况指示正常
14		防护装置	检查侧防护装置及后防护装置，校紧螺栓、螺母	完好有效，安装牢固
15		全车润滑	检查、润滑各润滑点	润滑嘴齐全有效，润滑良好。各润滑点防尘罩齐全完好。集中润滑装置工作正常，密封良好
16		整车密封	检查泄漏情况	全车不漏油、不漏液、不漏气

3.3.4　二级维护

1. 二级维护流程

二级维护是指除一级维护作业外，以检查、调整制动系、转向操纵系、悬架等安全部件，并拆检轮胎换位，检查调整发动机工作状况和汽车排放相关系统等为主的维护作业，如图3-4所示。

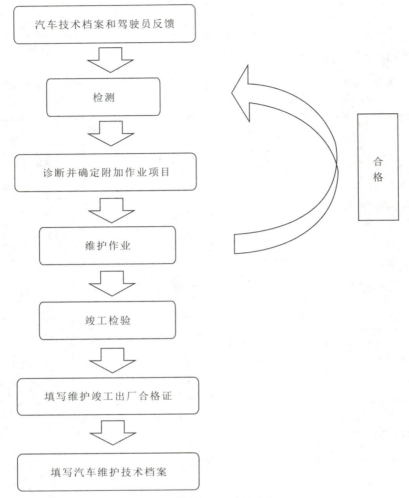

图 3-4 轿车二级维护流程

2. 二级维护作业和技术标准

根据《汽车维护、检测、诊断技术规范》(GB/T 18344—2016) 规定，轿车二级维护作业和技术要求如表 3-3 所示。

表 3-3 轿车二级维护作业和技术要求

序号	作业项目		作业内容	技术要求
1	发动机	发动机工作状况	检查发动机起动性能和柴油发动机停机装置	起动性能良好，停机装置功能有效
			检查发动机运转情况	低、中、高速运转稳定，无异响
2		发动机排放机外净化装置	检查发动机排放机外净化装置	外观无损坏、安装牢固

续表一

序号	作业项目		作业内容	技术要求
3		燃油蒸发控制装置	检查外观，检查装置是否畅通，视情况更换	碳罐及管路外观无损坏、密封良好、连接可靠，装置畅通无堵塞
4		曲轴箱通风装置	检查外观，检查装置是否畅通，视情况更换	管路及阀体外观无损坏、密封良好、连接可靠，装置畅通无堵塞
5		增压器、中冷器	检查、清洁中冷器和增压器	中冷器散热片清洁，管路无老化、连接可靠、密封良好。增压器运转正常、无异响、无渗漏
6		发电机、起动机	检查、清洁发电机和起动机	发电机和起动机外表清洁，导线接头无松动，运转无异响，工作正常
7	发动机	发动机传动带（链）	检查空压机、水泵、发电机、空调机组和正时传动带（链）磨损及老化程度，视情况调整传动带（链）松紧度	按规定里程或时间更换传动带（链）。传动带（链）无裂痕和过量磨损，表面无油污，松紧度符合规定
8		冷却装置	检查散热器、水箱及管路密封情况	散热器、水箱及管路固定可靠，无变形、堵塞、破损及渗漏。箱盖接合表面良好，胶垫不老化
			检查水泵和节温器工作状况	水泵不漏水、无异响，节温器工作正常
9		火花塞、高压线	检查火花塞间隙、积碳和烧蚀情况，按规定里程或时间更换火花塞	无积碳，无严重烧蚀现象，电极间隙符合规定
			检查高压线外观及连接情况，按规定里程或时间更换高压线	高压线外观无破损、连接可靠
10		进、排气歧管，消声器，排气管	检查进、排气歧管，消声器，排气管	外观无破损、无裂痕，消声器功能良好
11		发动机总成	清洁发动机外部，检查隔热层	无油污、无灰尘，隔热层密封良好
			检查、校紧连接螺栓、螺母	油底壳、发动机支撑、水泵、空压机、涡轮增压器、进排气歧管、消声器、排气管、输油泵和喷油泵等部位连接可靠

序号	作业项目		作业内容	技术要求
12		储气筒、干燥器	检查、紧固储气筒，检查干燥器功能，按规定里程或时间更换干燥剂	储气筒安装牢固，密封良好。干燥器功能正常，排水阀通畅
13		制动踏板	检查、调整制动踏板自由行程	制动踏板自由行程符合规定
14		驻车制动	检查驻车制动性能，调整操纵机构	功能正常，操纵机构齐全完好、灵活有效
15		防抱死制动装置	检查连接线路，清洁轮速传感器	各连接线及插接件无松动，轮速传感器干净，无油污、无灰尘
16	制动系	鼓式制动器	检查制动间隙调整装置	功能正常
			拆卸制动鼓、轮毂、制动蹄，清洁轴承位、轴承、支承销和制动底板等零件	无油污、无灰尘，轮毂通气孔畅通
			检查制动底板、制动凸轮轴	制动底板安装牢固、无变形、无裂损。凸轮轴转动灵活，无卡滞和松旷现象
			检查轮毂内外轴承	滚柱保持架无断裂，滚柱无缺损、脱落，轴承内外圈无裂损和烧蚀
			检查制动摩擦片、制动蹄及支承销	摩擦片表面无油污、裂损，厚度符合规定。制动蹄无裂纹及明显变形，铆接可靠，铆钉沉入深度符合规定。支承销无过量磨损，与制动蹄轴承孔衬套配合无明显松旷
			检查制动蹄复位弹簧	复位弹簧不得有扭曲、钩环损坏、弹性损失和自由长度改变等现象
			检查轮毂、制动鼓	轮毂无裂损，制动鼓无裂痕、沟槽、油污及明显变形
			装复制动鼓、轮毂、制动蹄，调整轴承松紧度、调整制动间隙	润滑轴承，轴承位涂抹润滑脂后再装轴承。装复制动蹄时，轴承孔均应涂抹润滑脂，开口销或卡簧固定可靠。制动摩擦片与制动鼓摩擦面应干净，无油污、无灰尘。制动摩擦片与制动鼓配合间隙符合规定。轮毂转动灵活且无轴向间隙。锁紧螺母、半轴螺母及车轮螺母齐全，扭紧力矩符合规定

续表三

序号	作业项目		作业内容	技术要求
17	制动系	盘式制动器	检查制动摩擦片和制动盘磨损量	制动摩擦片和制动盘磨损量应在标记规定或制造商要求的范围内，其摩擦工作面不得有油污、裂纹、失圆和沟槽等损伤
			检查制动摩擦片与制动盘间的间隙	制动摩擦片与制动盘之间的转动间隙符合规定
			检查密封件	密封件无裂纹或损坏
			检查制动钳	制动钳安装牢固、无油液泄漏。制动钳导向销无裂纹或损坏
18	转向系	转向器和转向传动机构	检查转向器和转向传动机构	转向轻便、灵活，转向无卡滞现象，锁止、限位功能正常
			检查部件技术状况	转向节臂、转向器摇臂及横直拉杆无变形、裂纹和拼焊现象，球销无裂纹、不松旷，转向器无裂损、无漏油现象
19		转向盘最大自由转动量	检查、调整转向盘最大自由转动量	最高设计车速不小于100 km/h 的车辆，其转向盘的最大自由转动量不大于15°，其他车辆不大于25°
20	行驶系	车轮及轮胎	检查轮胎规格型号	轮胎规格型号符合规定，同轴轮胎的规格和花纹应相同，公路客车(客运班车)、旅游客车、校车和危险货物运输车的所有车轮及其他车辆的转向轮不得装用翻新的轮胎
			检查轮胎外观	轮胎的胎冠、胎壁不得有长度超过 25 mm 或深度足以暴露出帘布层的破裂和割伤以及凸起、异物刺入等影响使用的缺陷。具有磨损标志的轮胎，胎冠的磨损不得触及磨损标志；无磨损标志或标志不清的轮胎，乘用车和挂车胎冠花纹深度应不小于 1.6 mm；其他车辆的转向轮的胎冠花纹深度应不小于 3.2 mm，其余轮胎胎冠花纹深度应不小于1.6 mm

续表四

序号	作业项目		作业内容	技术要求
20	车轮及轮胎		轮胎换位	根据轮胎磨损情况或相关规定,视情况进行轮胎换位
			检查、调整车轮前束	车轮前束值符合规定
21	行驶系	悬架	检查悬架弹性元件,校紧连接螺栓、螺母	空气弹簧无泄漏、外观无损伤。钢板弹簧无断片、缺片、移位和变形,各部件连接可靠,U形螺栓、螺母扭紧力矩符合规定
			减振器	减振器稳固有效,无漏油现象,橡胶垫无松动、变形及分层
22		车桥	检查车桥、车桥与悬架之间的拉杆和导杆	车桥无变形,表面无裂痕,油脂无泄漏,车桥与悬架之间的拉杆和导杆无松旷、移位和变形
23	传动系	离合器	检查离合器工作状况	离合器接合平稳,分离彻底,操作轻便,无异响、打滑、抖动及沉重等现象
			检查、调整离合器踏板自由行程	离合器踏板自由行程符合规定
24		变速器、主减速器、差速器	检查、调整变速器	变速器操纵轻便、挡位准确,无异响、打滑及乱挡等异常现象,主减速器、差速器工作无异响
			检查变速器、主减速器、差速器润滑油液面高度,视情况更换	按规定的里程或时间更换润滑油,液面高度符合规定

续表五

序号	作业项目		作业内容	技术要求
25	传动系	传动轴	检查防尘罩	防尘罩无裂痕、损坏，卡箍连接可靠，支架无松动
			检查传动轴及万向节	传动轴无弯曲，运转无异响。传动轴及万向节无裂损、不松旷
			检查传动轴承及支架	轴承无松旷，支架无缺损和变形
26	灯光导线	前照灯	检查远光灯发光强度，检查、调整前照灯光束照射位置	符合 GB 7258 规定
27		线束及导线	检查发动机舱及其他可视的线束及导线	插接件无松动、接触良好。导线布置整齐、固定牢靠，绝缘层无老化、破损，导线无外露。导线与蓄电池桩头连接牢固，并有绝缘套
28	车架车身	车架和车身	检查车架和车身	车架和车身无变形、断裂及开焊现象，连接可靠，车身周正。发动机罩锁扣锁紧有效。车厢铰链完好，锁扣锁紧可靠，固定集装箱箱体、货物的锁止机构工作正常
			检查车门、车窗启闭和锁止	车门和车窗应启闭正常，锁止可靠。客车动力启闭车门的车内应急开关及安全顶窗机件齐全、完好有效
29		支撑装置	检查、润滑支撑装置，校紧连接螺栓、螺母	完好有效，润滑良好，安装牢固
30		牵引车与挂车连接装置	检查牵引销及其连接装置	牵引销安装牢固，无损伤、裂纹等缺陷，牵引销颈部磨损量符合规定
			检查、润滑牵引座及牵引销锁止、释放机构，校紧连接螺栓、螺母	牵引座表面油脂均匀，安装牢固，牵引销锁止、释放机构工作可靠
			检查转盘与转盘架	转盘与转盘架贴合面无松旷、偏歪。转盘与牵引连接部件连接牢靠，转盘连接螺栓应紧固，定位销无松旷、无磨损，转盘润滑良好
			检查牵引钩	牵引钩无裂纹及损伤，锁止、释放机构工作可靠

3.4 汽车配件的基本知识

汽车配件是构成汽车整体的各单元及服务于汽车的产品。在汽车的整个使用过程中，所需的汽车零部件和耗材统称为汽车配件。

汽车配件的分类如下：

(1) 原厂件是指为汽车制造厂配套装车的零部件或总成，按汽车厂提供的生产图样生产，由各专业厂按时提供给汽车厂组装汽车用的配套件。

(2) 纯正件是由汽车厂提供给用户维修车辆用的配件，但不一定是汽车厂自行生产的。

(3) 副厂件也称转厂件或专厂件，是由各专业零部件生产厂生产的备件（替换零件），用各专业厂自己的包装箱包装，不经过汽车厂的渠道，而是由其特定的贸易商进行销售。

(4) 拆车件是指从报废车辆上拆下的零件，常见于使用时间长的进口车辆的修理中。

(5) 翻新件是指一些旧件经过专业厂家的重新修复或加工后，能够满足使用性能并有质量保障的零部件。

复 习 与 思 考

1. 动机常见故障有哪些？
2. 底盘常见故障有哪些？
3. 日常维护作业有哪些？
4. 画出二级维护流程图。

任 务 训 练

客户王先生在某 4S 店买了一辆卡罗拉，在到达一级维护时间，王先生并没有来做定期保养，工作人员打电话提醒王先生到时间维护了，但王先生以使用里程比较短、日常使用很规范等原因，不想来维护。两人为一组，一个人扮演客户给出不想做维护的理由，一个人扮演服务顾问，模拟不同理由服务顾问的回复。

模块四　汽车维修服务接待流程及标准规范

 学习目标

◎ 知识目标

1. 掌握汽车维修服务接待七大服务流程。

2. 了解汽车维修服务接待流程中的工作执行技巧。

3. 了解数字化在汽车维修服务中的应用。

◎ 技能目标

1. 能按照标准的流程进行维修车辆接待。

2. 会填写接待过程中要求登记的各种文件。

3. 会根据不同的客户灵活执行接待流程。

　　流程指的是做事的顺序和方法，是一系列活动的组合。这一组合接受各种投入要素，包括信息、资金、人员、技术等，最后通过流程产生客户所期望的结果，包括产品、服务或某种决策结果。流程是经验的总结，可以少走弯路；流程是管理规范，可以避免人治；流程是品牌形象，可以减少差异。流程概念运用于企业，就变成了一本标准化的操作手册，它能够使企业成为业界的"能人"，对企业"能办事、办好事"，对客户"会来事"。简而言之，它能够有效地凝聚经验，指导新人，提高工作效率，提升工作效果，最终提升企业的竞争力。

　　为了提高客户满意度，培养客户忠诚度，实现客户的价值提升，汽车维修服务一般遵循以下七大服务流程。

4.1　汽车维修客户预约

1. 预约的作用

预约可以有效地缩短客户在店的等待时间，以提供优质、快捷的服务，培养客户的忠诚度；增加维修车间的生产效能，以提高特约店效益；合理安排时间，以缓解高峰时段的工作。

2. 预约的分类

(1) 按照客户与 4S 店的关系划分，预约分为主动预约、被动预约和现场预约。

主动预约指 4S 店通过掌握的客户信息主动给客户致电，给予客户保养维修提醒和服务活动，预约客户来站保养。主动预约可以审查维修和接待能力，估计交车时间，确认预约内容，为客户来访做准备。

被动预约指客户通过 4S 店发布的预约渠道致电维修站，此时 4S 店要获取客户车辆信息，审查维修和接待能力，了解客户关心的问题，估计交车时间，估计车辆维修费用，确认预约内容，确认客户的预约要求，为客户来访做准备。

现场预约指客户第一次维保离店或中途来店，现场与维修接待预约下次维保时间。

(2) 按照预约的方式划分，预约分为电话预约和线上预约。

电话预约指客户或维修接待人员电话通知对方预约。

线上预约指客户下载品牌维修 APP 或者关注维修企业官方公众号进行网上预约。线上预约属于被动预约的一种，但是相对于电话预约来说，维修接待人员更能全面掌握客户的资料和车辆的信息。

3. 预约的流程

1) 电话预约流程

电话预约流程如图 4-1 所示。

注一：

客户服务人员可通过电话回访对客户档案进行细分。

(1) 按客户车辆使用性质分类：会员私家车、政府采购车辆、协议单位车辆、特约服务品牌车辆等。

(2) 按客户类别分类：内部客户、内部会员、企业老板、网络客户、特约品牌客户等。

(3) 按客户车辆状况分类：品牌车初保内的新车、品牌车保修期内的车辆、2～4 年内的车辆、4～7 年内的车辆、7 年以上的车辆。

(4) 按客户车辆品牌分类：高级车辆、中高级车辆和低端车辆。

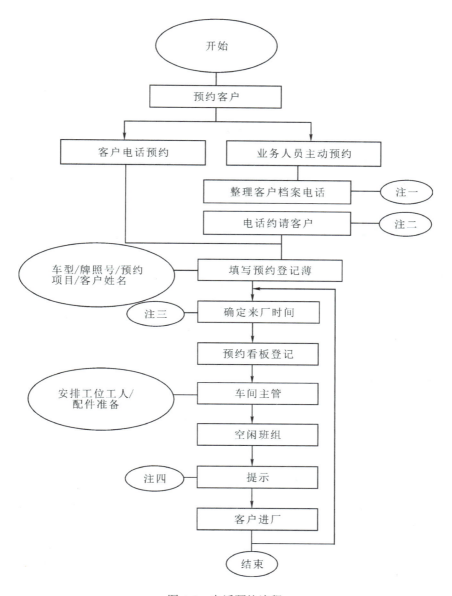

图 4-1　电话预约流程

注二：

(1) 业务人员根据保养、年审周期档案，若客户的车辆已经到了应该保养、年审的时候，提供到期的提醒服务。

(2) 为了提高客户的预约兴趣，业务人员除了说明按照预约时间来 4S 店无须等待即可享受服务外，还要使用一些其他方面的技巧，如送个小礼物或者工时优惠 5% 等。

(3) 请客户选择适当的时间如 9:30 —11:00 或者 15:30—16:30 到店。

(4) 业务人员预约前的准备工作一定要充分，如查询客户车辆上次的保养时间、保养里程、保养项目等。

（5）预约提醒服务电话语言技巧：电话接通后说"您好！打扰您几分钟，是否方便""您好！我是 ×× 汽车服务有限公司的 ×××"。

注三：

（1）重要的是推荐企业空闲的时间，这样可以避免维修高峰期间客户的等待时间过长，提高客户的满意度。

（2）确认客户认同的项目的同时，预约人员应该熟悉该车型在这个里程段的其他保养维修项目，以便于向客户推荐和提示。

（3）重复客户来店时间，给客户留下深刻的印象，并在电话结束时说"因为您可能工作很忙，在您来之前是不是需要打电话提醒您"，为以后做好铺垫，最后说"非常高兴能为您服务，感谢您对我们的支持"。

注四：

（1）已经预约的客户，在来店前 15 分钟，预约人员应该进行电话确认，如果客户由于工作或其他原因不能及时赴约，应提供新的预约时间。

（2）对客户的失约原因进行登记，定期分析原因。如果客户忘记了，则说明对我们的预约没有引起足够的重视，应该采取措施避免这种无效的预约。

2）电话预约执行流程

（1）预约前的准备工作。

① 预约管理，建立预约客户的管理流程。

② 电话公开，设置预约电话，并公开公告。

③ 流量分析，进行车辆进店流量动态分析。

④ 主动预约，分析整理应该回店的客户名单。

⑤ 首问负责，由接听电话的服务顾问负责落实服务流程。

⑥ 信息管理，预约信息应完整记录在图 4-2 所示的表中，目视化管理。

（2）预约的注意事项。

① 掌握客户基本信息，如姓名、电话、车型、车牌。

② 如有变化应及时更改客户档案。

③ 客户关心的问题及预约要求。

④ 客户希望的进厂时间。

⑤ 客户预约作业的性质（保养、简单维修、故障维修、返修）。

⑥ 预约时应告知客户的信息：进厂时间以及错峰；预估维修费用，费用在预估的时候就高不就低，可适当提高 10%；预估交车时间，应考虑变化，可建议来店后确定；再次确认客户的相关信息。

比亚迪汽车_____服务店　　　　　　　　　　　　　　二零　年　月

顾客姓名		联系电话		来电日期		来电类别	
车牌号		车　型		行驶里程		接电人	
处理人				完成时间			
电话记录内容		处理意见			处理结果		

图 4-2　电话预约记录表

(3) 预约维修前的工作准备。

① 准备的目的：超越客户的期望，创造忠诚的客户；建立客户对 ASC 及个人的信心和关系；更准确地了解客户的需求；更好地消除客户的顾虑；取得自信及专业形象；营造双赢的气氛。

② 准备的内容：收集必要的信息 (车辆、上次维修、区域活动)；通知同事 (备件、车间)，保证承诺和检查有效；在备件的准备和车间工位的预留过程中如有问题应提前告知客户。

③ 准备的好处：给客户专业印象，且节省诊断时间；保留备件或紧急订购；车间主管妥善分配工作 (安排好工位和技师)；服务顾问有足够的接车时间。

④ 预约准备工作：填写预约通知单，一式三份，业务、车间、备件各一份；填写预约登记表 (见图 4-3)，便于其他客户预约安排和预约数据统计分析；填写预约服务看板 (见图 4-4)，向客户表示欢迎，区分预约客户和非预约客户；确认车间维修技师、维修工位、备件的准备。

预 约 登 记 表

编号：20 -- ----

比亚迪汽车 ＿＿＿＿ 服务店　服务顾问：　　　　　　　　　　　　　　年　月　日

客户基本情况		
客户姓名		联系电话	
车型		公里数	
车牌号码		购车日期	

预 约 情 况			
预约进站时间	月 日 时 分	预约交车时间	月 日 时 分

预 约 内 容

客户描述：

故障初步诊断：

所需配件(备件号)、工时：

维修费用估价：

客户其他要求：

预约上门取车时间	月 日 时 分	预约上门取车地点		交车人	
预约上门交车时间	月 日 时 分	预约上门取车地点		收车人	
取车/交车人签名			客户或交接人签名		
备注：					

图 4-3　预约登记表

预 约 服 务 看 板

比亚迪汽车_____服务店　　　　　　　　　　　　　　　　　_____年___月___日

预约进厂服务时间	车 号	车 型	服务内容 (保养、小修、事故)	服务顾问	维修技师	备注

图 4-4　预约服务看板

(4) 预约异常处理及变更处理。

① 客户变更：如果客户改变约定或未如约到店，应打电话联系客户并婉转询问原因，如客户仍希望预约，则重新按流程预约。

② 专营店变更：如因特殊原因，专营店需要变更预约，则必须电话联系客户，说明原因并取得客户谅解。

3) 线上预约流程

线上预约有两种方式：一种是下载维修 APP，一种是直接关注维修企业公众号。

(1) APP 维修预约流程：

① 在应用商店下载维修 APP(以途虎养车为例)。

② 打开途虎养车 APP，首页点击"我的"，用手机号或者微信等注册账号。

③ 在"我的"账户页面，找到"爱车档案"(见图 4-5)，按照要求填写车辆信息，或者直接扫描行驶证让系统自动识别车辆信息。

图 4-5　账户页面图

　④ 回到 APP 首页，以小保养为例，点击"小保养"(见图 4-6)，APP 会自动推荐可以更换的机油和机滤，也可以自主选择其他适合的产品，然后会有一个价格合计 (见图 4-7)。

图 4-6　APP 首页图

图 4-7　保养自动合成价格图

　⑤ 点击"去结算"，在订单页面会计算出一个最后的价格，确认完成后点击"提交订单"。

⑥ 发短信通知客户选择附近的途虎养车门店，如果门店缺货，就会发短信提醒客户需要将产品邮寄到当前门店。商品到店之后，也会有短信提醒客户，需要在 10 天之内预约保养安装。

(2) 公众号预约流程（以一汽丰田为例）：

① 关注一汽丰田公众号，按要求登记车辆信息和客户信息。

② 点击"预约维保"（见图 4-8），进入保养预约服务。

图 4-8　丰田预约保养界面

③ 选择理想的时间和工位（见图 4-9）。

图 4-9　时间和工位选择界面

④ 预约下单。

⑤ 维修接待人员收到预约信息，需要距离约到店 1 小时给客户打电话提醒，确定客

户可以准时到达。

在汽车售后服务执行流程的过程中，注意一些关键事项，掌握一定的接待技巧，注重细节，更能提高客户的满意度。

4. 预约工作执行技巧

1) 预约前的关键技巧

(1) 醒目的预约服务看板。

(2) 口头适时宣传（与客户接触过程中，当客户打电话咨询业务时客户就是一位准预约客户，此时是很好的宣传预约时机）。

(3) 在寄送资料同时进行预约宣传。

(4) 在所有可能的场合放置预约宣传折页或海报。

(5) 优惠预约卡刺激（享受工时折扣及其他优惠政策）。

(6) 礼物刺激。

(7) 销售的配合，从源头宣传。

2) 预约中的关键技巧

(1) 无论接听还是拨打客户电话，都应规范并遵循电话礼仪的要求。

(2) 10 分钟内回复确认短信，30 分钟内回复预约邮件。

(3) 短信和邮件都应以正式的问候语开头。

(4) 尽快在 CRM 系统中查找相应的车辆信息档案并做有针对性的沟通。

(5) 对返修客户加快处理速度，优先安排。

(6) 预估保养服务所需的时间与费用并告知客户。

(7) 提醒客户携带相关文件资料。

(8) 确保为服务团队提供完整的预约单，以便他们根据预约单中涉及的故障内容、配件和代步交通工具等需求有效地展开工作。

(9) 再次与客户确认服务预约时间，并说明会提前提醒。

(10) 至少提前 24 小时（网上预约提前 1 小时）提醒客户。

(11) 感谢客户的提前预约和给我们机会提供服务。

 案例

关于客户预约

【事件背景】有一天快下班了，有位客户打电话给前台维修接待人员小王，说他的卡宴明天一早要去服务中心保养一下，然后赶去乡下参加表哥的婚礼，时间比较急。

这个时候小王也比较忙，就对客户说"知道了先生，您把您的车辆信息通过短信方式发给我一下，我给您按照预约流程预约"。这时客户说"这么麻烦啊"就挂断了电话。直到小王忙完了才想起来刚刚有位客户说要车辆预约，怎么还没收到有关车辆信息的短信，这时小王打电话给客户。电话拨通后，小王说"喂，您好，我是保时捷服务中心的服务顾问小王，刚刚给您联系过关于您车辆明天预约保养的事，但是没收到您的信息。"客户说："不用的啦，我已在附近的维修店保养过了"。客户很客气地说了一句"谢谢"，然后就挂电话了。事后小王及时备注并报给前台主管。

后续服务中心开会对此事做了分析：

(1) 预约流程复杂，客户嫌麻烦；

(2) 工作人员由于工作忙导致与客户交流中断，并未及时跟进；

(3) 客户财大气粗，不喜欢怠慢。

我们的做法是：

建立完善的信息化管理体系，通过客户的电话号码追踪确认客户车辆信息，做好车辆预约工作。客户主动打电话来就足以说明有意来维修 (消费)，对不同层次客户我们要随机应变，就是我们汽车人平时说的满意。在这里，顾问小王要是能做到让客户感觉满意，就能够及时引导客户消费，在车辆检测中还可以给客户一些其他方面的建议。

心理分析：

客户服务应重视对消费者消费行为中的心理过程、个性心理和心理状态的研究，正确引导客户消费的同时抓住客户心理，做到万无一失。

4.2　汽车维修服务接待

4.2.1　汽车维修服务接待流程

1. 日常准备工作

在 4S 店进门口到车间之间设置入口标识和引导标志，方便客户将车直接开到预定位置；准备好必备的文件 (预约表和工作进度表、修理单、客户档案、统一费率手册或人工收费表、零件目录或价目表、车主手册和维修手册等) 和三件套 (方向盘保护套、座椅保护套和作业脚垫)。

2. 迎接客户进店

服务顾问要有良好的服务礼仪，在看到客户的车辆进店后，应一分钟内做出响应，快步出门迎接客户，主动引导客户停车。如果因为接待车辆高峰期，确实需要客户等待，则需说明原因，并安排客户到休息室休息等待。

3. 识别客户来意

通过专业的话术，识别客户是否为预约客户、返修客户或普通进店客户。同时要对客户的来意进行识别，确定客户是定期保养、保修、付费维修或者返修。不同来意的客户，接待的心理准备也不一样，比如返修的客户，这类客户在情绪上有一定的抱怨，在接待的时候要做好客户投诉的准备。同时，企业可以通过数字化手段识别进厂客户车牌号，提前维护工单。

现在很多 4S 店在售后入口处都有车牌识别系统，客户车辆刚刚进入到识别范围，LED 显示屏上就会出现客户的车牌以及客户是否为预约客户或普通客户。甚至有企业联网系统，如果是本店客户，客户的资料信息以及车辆信息就会在系统中显示；如果是预约客户，还会显示此次来店的目的，如图 4-10 所示。

车辆预约电子看板					
预约车牌	客户姓名	预约时间	维修类型	到达时间	维修接待
沪J999	王小姐	09:00	保养	09:30	石川
沪K3A5	杨先生	10:30	保养	10:30	陈静
沪A752	方女士	10:30	装潢	10:40	冯娟娟
沪H116	常先生	13:00	保养	13:20	冯娟娟
沪D299	裘先生	13:00	查修	13:20	李博
沪A999	陈先生	13:30	保养	13:10	陈达
沪A675	刘先生	13:30	保养	13:40	陈达
沪D896	金机械	13:00	保养	13:30	石川
沪H638	海丰驰	15:30	钣金	-- --	陈静
沪J679	通集团	14:30	保养	16:00	陈静
沪B633	兴投资	17:00	事故	-- --	欧阳芊芊

图 4-10　车辆预约电子看板

4. 建立 / 查询客户车辆信息

如果客户是首次进店，则需要建立客户档案、车辆档案及维修档案；如果客户非首次进店，则需要查询 / 核对或及时更新档案，尤其是联络方式的变更。

5. 预检诊断

1) 互动问诊

(1) 确认客户描述的故障现象或客户要求的作业内容。

(2) 应特别关注车辆故障发生时的表现、规律、形式。

(3) 在客户描述故障过程中，应帮助客户将故障描述清楚，不确定时应记录客户原话。

互动问诊要确定的内容：

(1) 什么问题需要解决？

(2) 汽车在什么区域、什么时间出现这样的故障？由谁驾驶的车辆？

(3) 汽车出现故障的频率。

(4) 客户描述后再重复客户的问题并提出解决方案。

2）车辆保护

当着客户的面套上三件套。

3）贵重物品提醒

提醒客户随身携带贵重物品，需代为保管的必须在问诊单上记录。

4）环车检查

征询客户意见，邀请客户共同进行环车检查及预检。环车检查从左前门开始，记录公里数、油表、车内仪器检查，顺手拉开机盖拉索，然后顺时针环车，检查顺序为：左前叶（车架号核对）、正前方（牌照核对，前挡检查，舱内检查）、右侧（顺便检查车轮及底盘有无漏油）、后方（掀开后备箱并检查随车工具及备胎）。环车检查的过程中，要适时委婉地建议增修项目，并向客户确认有无贵重物品遗留。环车检查顺序如图 4-11 所示。

图 4-11　环车检查顺序

6. 作业项目预确定

作业项目预确定的主要步骤如下：

(1) 利用客户维修档案帮助服务顾问进行故障诊断，应尽量做到一次就将客户车辆故障诊断清楚，如有必要，需要邀请客户在完成问诊单后一起进行故障现象实车再次确认。

(2) 对于疑难杂症和间歇性故障，必要时应由服务顾问邀请维修人员协助确认和说明。

(3) 无法确认故障原因的，应申请技术支持。

(4) 当需较长诊断时间或故障难以明确判断时，应向客户解释清楚，填写接车问诊单（见图4-12)，先安排客户休息或离开，督促相关人员尽快完成故障诊断。

(5) 诊断完毕后，推测发生故障的原因，应向客户耐心细致地解释真实情况，建议维修方案，确定维修项目。

法拉利汽车维修保养接车问诊单			快·乐体验

送修人		联系电话		车牌号		行驶里程	
发动机号码		车架号码				生产日期	
用户描述故障现象							
服务顾问诊断得出初步意见							
服务顾问建议							

功能确认:(正常√　不正常×)
  □ 音响系统　　　　　□ 点烟器
  □ 中央门锁(防盗器)　□ 后视镜
  □ 天窗　　　　　　　□ 四门玻璃升降

外观确认:

物品确认:(有√　无×)
  □ 贵重物品已提醒客户带离车辆
  □ 随车工具　　　□ 千斤顶
  □ 备胎　　　　　□ 灭火器
  □ 其他 (　　　　　　　　)

(如有损伤,在相应部位作标记)

服务顾问提醒
  ★ 本次检查的故障如在本站维修,检查工费不另收取,如不在本站维修,则检查费应由用户支付,本次检查为：¥____元。
  ★ 维修旧件处理:□ 客户要求带走　　□ 客户选择不带
  ★ 本站已提醒客户将车内贵重物品带离车辆并妥善保管,如有丢失恕与本站无关。

服务顾问		用户确认	

图 4-12　接车问诊单

4.2.2　汽车维修服务接待技巧

1. 接车准备

(1) 接待区域干净整洁。

(2) 资料摆放有序。

(3) 三件套及常用单据齐全且随手可取。

2. 准确沟通

(1) 根据现阶段车主的特点、车龄的长短以及车主客观情况进行细分。

(2) 主动向客户提问，从客户那里获得准确的服务需求信息。

(3) 有效收集客户信息能帮助服务人员更好地满足客户的要求。

(4) 积极地倾听，让客户感受到他们所传达的信息被重视。

(5) 展示对客户及其爱车的关心。

3. 迎接问候

迎接问候的要点是新老客户的区别对待。对于新客户：用亲切的语气打招呼，如"先生您好，欢迎光临，有什么可以帮您的呢？"在打完招呼后，初步了解客户的意向，了解客户的姓氏，介绍自己。对于老客户：上前迎接，礼貌地称呼，如"× 先生"，询问上次保养、维修以后的情况。

4. 诊断前的准备

(1) 索取品质保证书或维修手册。

(2) 确认车主姓名和上次所做的检查。

(3) 确认汽车识别资料。

(4) 记下里程计读数。

5. 掌握看车的本领

1) 像不像，三分样

(1) 多用专用工具和仪器。

(2) 基本动作行云流水。

(3) 动作夸张但不假。

(4) 不怕脏不怕累。

2) 看局部不忘整体

(1) 不要只着眼于问题存在的细节。

(2) 从相关部位找突破口。

(3) 关注整体也会给车主带来好感。

3) 及时寻求帮助

(1) 没把握不要主观臆断。

(2) 寻求修理工 / 技术经理的帮助。

(3) 以探讨的态度寻求帮助。

案例

接 待 案 例

【事件背景】成都的张女士购买了某品牌的车辆，最近两天早上，冷车启动的时候，第一次用钥匙怎么也启动不了，第二次就可以了。恰好张女士这天去城里办事，路过某品牌 4S 店，想去处理这个故障。张女士开车进入 4S 店，正值维修保养车辆入厂高峰期，前面停了很多等待接待的车辆，她按照排队，一点一点挪动。眼看快要轮到自己了，张女士熄火下车，却见维修接待径直走向她的后一辆车开始接待，张女士感到很生气，质问工作人员为什么不按顺序接待，接待人员说后一辆车是预约客户，优先接待。张女士说那如果后面来的都是预约客户，是不是一直要等接待完后才会轮到她，得到维修接待肯定的回答后，张女士的愤怒到了极点，将车子直接横在维修车间入口，锁车并投诉。

案例分析：

将普通车辆和预约车辆进行分区分流接待，从一开始就引导客户走不同的通道进行排队。4S 店将预约客户和普通车辆进行混排，预约客户并未体验到便利性，普通车辆客户也极易抱怨。

 4.3 开 具 委 托 书

4.3.1 开具委托书流程

1. 确定维修项目

根据客户需要及诊断后确认必须采取的维修方案确定维修项目，向客户详细说明，必要时强调要做的工作的必要性及价值，应让客户了解执行与否由他自己作决定，与客户的交流应以客户易于理解的方式进行。根据厂家保修政策，向客户说明客户需求和维修项目是否属于保修范围内，若一时不易确定是否属于保修范围，应向客户说明原因，待进一步进行诊断后做出结论。如仍无法断定，则将情况上报申请授权，待批复后做出结论。

2. 查询备件库存状态

查询备件库存状态的过程，既是向客户说明维修使用备件种类与数量的过程，也是再次核对备件价格的过程。若发现有备件库存短缺，则应确认修理是否能够进行。若可以通过调拨或订货的方式予以解决，则需告知客户预计到货期，征得客户同意。若客户取消作业，则应表示歉意，送走客户，取消接车问诊单。

3. 预估维修费用

维修服务接待应备有并使用常见维修项目价格表，置于客户容易看到的位置，向客户展示。服务顾问应尽量准确地对维修费用进行估算，并将维修费用按工时费和备件费进行分类细化。如果不能立即准确地估计出维修费用，那么应告诉客户总费用要在对车辆进行详细诊断后给出，并希望获得客户的理解；如果能准确估计出维修费用，则要清楚地向客户解释所估算的费用明细，让最后的价格在客户的期望范围之内，并记录在提供给客户的维修委托书上。汽车维修委托书如图 4-13 所示。

维修委托书　　　　编号：

维修单位		车辆进站时间	年　月　日　时		服务顾问	
客户信息	□车主　□送修人	地址		联系电话		
车辆信息	车牌号	车型	VIN	发动机号	里程数	

作业信息	维修开始时间 年 月 日 时	预计交车时间 年 月 日 时	付款方式 □现金 □其他	非索赔配件是否带走 □是 □否
互动检查	是否有贵重物品 是□　□否		油箱油量	□空　□<1/4 □半箱　□<3/4 □满箱

外出救援：是□ 否□　救援里程（往返）：　　　（公里）　救援到达时间：

车身状况漆面检查，损伤部位下图标注

	检查结果
	车身检查
	车内检查
	发动机仓
	底盘检查

客户须知	客户故障描述
1.客户提供的信息真实有效； 2.维修完成时间以通知客户接车时间为准； 3.客户应在接到通知 2 小时内接车； 4.客户违反"客户须知"产生的风险和损失客户本人自愿承担。	

客户确认：本人已阅读并理解上述内容。　客户签字：

维修项目	维修项目	备件	是否索赔	材料费	工时费	小计	维修/检查人
			□是 □否				
			□是 □否				
			□是 □否				
	预估费用			费用小计：			

客户确认以上维修项目及费用：

新增维修项目	维修项目	备件	是否索赔	材料费	工时费	小计	维修/检查人
			□是 □否				
			□是 □否				
	预估新增维修时间			费用小计：			
	预估新增维修费用						

客户确认以上维修项目及费用：

索赔费用		自费费用		维修总费用		交通补偿费用	
质检员签字：		通知客户接车方式：		通知交车时间：		实际交车时间：	
客户评价	□满意	□不满意	不满意原因：				

本人确认以上内容与本人委托需求一致并已提车。　客户签字：

图 4-13　汽车维修委托书

注意：维修当中存在一些不确定的因素，会造成费用增加，在维修项目比较多或大的时候尤其明显，因此估价时适当考虑上浮(10%内)。

4. 预估维修时间

根据备件库存情况、工作次序、维修车间负荷、车辆作业时间估算车辆的交付时间，向客户解释估时依据和承诺交车时间，最后商定的交车时间应尽量满足客户要求，在征得客户同意的前提下记录在维修委托书上。

注意：估计时间时不要遗忘辅助作业时间(如工作交接时间、免费检查项目作业时间、质检时间、洗车时间等)的关注。如有辅助作业，维修时间要做相应的延长，并给客户解释。

5. 提供关怀信息推荐服务项目

作为专业的服务顾问应适时给予客户关怀信息，以显示对客户的关心。关怀信息包括：定期保养知识、车辆使用常识、服务推荐、正确驾驶习惯、困境处置贴士、优惠或免费活动信息等。

6. 解释委托书项目进行服务说明

服务说明的内容如下：

(1) 向客户详细地说明每个维修项目的内容、费用明细和承诺的交车时间；

(2) 复述和确认客户的维修要求；

(3) 确认维修项目；

(4) 确认是否属于保修项目；

(5) 确认估算工时、备件费用；

(6) 确认估算完工交车时间；

(7) 明确告诉客户在维修过程中涉及的任何变更会在第一时间通知客户，并在得到客户授权同意的情况下才会进行维修；

(8) 服务说明时须尽可能避免使用专业词汇，力求简明扼要，耐心对待客户的疑问。

7. 获得客户理解认可

再次询问维修委托书是否已包括客户所有的维修需求，告诉客户若有需要，可随时增加或减少维修项目，并征询客户对维修委托书的意见。

8. 完成维修委托书

(1) 在客户同意的情况下，打印维修委托书；

(2) 引导客户在维修委托书的客户签字栏签字确认；

(3) 交接客户车辆的钥匙和行驶证，将车辆行驶证按规定统一存放在安全的地方；

(4) 将客户联交客户保存，作为客户完工接车的依据；

(5) 向客户说明交车程序和付费方式；

(6) 再次感谢客户的理解和支持。

一般汽车专营店的维修委托书为一式三联。各联的用途分别为：第一联是作业联，由服务顾问填写，包括问诊结论、作业内容及估价估时，交车间主管，车间主管再将维修卡分配给维修技师，保养、修理作业结束，维修技师将此联通过车间主管交到服务顾问处，放入客户档案；第二联是客户留存联，作为客户取车凭证；第三联是业务留存联，车辆维修期间，服务顾问凭此联监控工作进度。

9. 客户招待 / 送客

客户现场等待时，引导客户到休息室休息，尽可能给予现场等待的客户更多的关照，并按时交车。客户决定不在现场等待时，礼貌、热情地送走客户。

10. 摆放预约车顶牌

安排好客户后，需通知车间专门移车人员将客户的车辆移至待修区，待车停稳后，将预约车顶牌放在车辆顶部。注意在放置车顶牌的时候，不要失手滑下来伤到车辆的漆面或前挡风玻璃。预约车顶牌如图 4-14 所示。

图 4-14 预约车顶牌

4.3.2 开具委托书执行技巧

1. 确认项目与估价的技巧

(1) 逐项写出收费金额，以便客户了解估价。

(2) 人工和零件收费应按照统一费率手册和备件目录估算。

(3) 不要给客户完全确定好的数值，不确定才是严谨。

(4) 估价项目要齐全。

(5) 尽量覆盖所有的可能性。

2. 扩大订单技巧

1) 客户扩大订单原因

(1) 客户喜欢在总体上解决问题。

(2) 客户希望在一个地方能享受到所需要的服务。

(3) 客户会觉得你对他们格外关心。

2) 扩大订单注意事项

(1) 态度要诚恳，不能用例行公事的口吻，更不能强迫客户接受。

(2) 倾听客户的意见。

(3) 满足了第一个需求后，再提出其他建议。

(4) 保证你的推介符合客户的需求。

3) 扩大订单小窍门

为每一个客户准备一个资料袋，将所有的客户资料放到袋子里并在袋子外边注明客户姓名或车牌号，这样有利于资料管理，并且在交付车辆的时候，还可以将宣传册、优惠卡、意见收集表等放入袋子一并交给客户，显示维修服务顾问工作有条理和专业。

为了在拟定维修委托书时节约时间，可以向客户询问是否有优惠卡或厂家汽车担保协议 (或其他产品维修协议)，这些东西可以帮助服务顾问在客户资料中迅速找到他。当和客户说话的时候，注意要让客户领会你的意思，不要忘记 40% 的客户并不懂那些汽车行业术语，因此如果对他们说主销后倾等这样的专业术语时，他们很可能会理解不了。尽量使用一些有实效的语言，不要夸大事实，也没有必要为客户瞎操心，不要说："汽油泵完全坏了，必须换一个新的。"可以说："汽油泵需要换一个新的，而且这种方法是最可行的。"注意应该通过介绍新产品的优点而不是原部件的磨损来吸引客户购买，不要说："您的刹车板已经完全用坏了。"可以说："用这种新的刹车板，您可以放心驾驶 3 万公里。"

 案例

近日，成都陈先生投诉一家 4S 店，陈先生在投诉里称，他于 2020 年 09 月 28 日在 ××4S 店购得一辆某品牌轿车，车辆处于首保状态，行驶里程数为 4200 公里。

12 月 27 日，车主驾驶车辆发生交通事故。事后车辆被车主送去 4S 店修理，但截止到 2021 年 2 月 20 日，车辆还在 4S 店维修站进行外观喷漆作业，4S 店告知车主至少还需要 4 天才能验车。陈先生年前曾多次与 4S 店维修接待人员沟通尽快处理车辆问题，但 4S 店总以材料未到为由一直拖延维修，车辆已放置在 4S 店长达 50 天，但却一直还在维修当中，如此长时间的维修给陈先生的生活造成了极大的不便，在此期间，陈先生一直以租车代步。4S店如此低的效率让车主很是不满，于是投诉到主机厂，要求厂商对于如此售后服务给予解释及对4S店耽误用车情况给予赔偿。

在投诉后不久，服务处及时致电车主，与车主进行了沟通并且协助陈先生处理了该车辆的问题。

以上所述，该品牌轿车主机厂商在接到投诉后能从消费者利益出发，及时处理车主所反映的问题，从这点来看售后还是可圈可点的。但是如果一开始在维修车辆接待时，能综合维修技师、配件部的意见，计算等待材料以及其他耗费的时间，能和客户提前协商好取车的时间，也许陈先生就不会投诉。

现在很多车主对4S店的售后服务不甚满意，出现这一问题，主要是因为我国对汽车服务业人才的培养投入不足，汽车服务业从业人员往往依赖于师傅带徒弟的培养方式，甚至更有个别服务人员完全没有相关专业知识，边工作边学习。此外，我国也缺少具备一定师资力量、科学培养理念的专业培训机构。所以如果想要提高4S店在车主心目中的满意度，还得注重人员培训。

对于汽车厂家而言，4S店的服务态度至关重要，在交涉处理过程中，少一份霸气，多一份客气，既能维护整个汽车厂家的品牌形象，也能树立经销商自己的企业形象。

4.4 专 业 维 修

4.4.1 专业维修流程

1. 维修派工

在派工与调度时，把按时交车作为派工考虑的重点之一，确定优先工作和优先次序，优先工作主要为服务预约、返修和保修车辆，需优先安排，普通修理按时间顺序安排维修。结合合理工序，对优先工序优先派工，正确预测完工时间，控制维修进度，关注服务变更，及时对应调整，管理更新车间维修保养管理看板（见图4-15）。

2. 车辆防护

在维修过程中始终保持"三件套"和保护垫的正确使用，在车辆引擎盖打开时或进行轮胎及悬挂作业时应放置叶子板护套、水箱护罩等，以此全方位保护好客户车辆。维修技师应穿着干净统一的制服，在进行内饰维修作业时，不得戴手套，并保证双手干净整洁，无油污及其他脏物，杜绝泥、水、油渍落在客户车辆中。客户遗留在车内的物品，应小心加以爱护，交车时完整归还客户。如果所维修车辆需在厂内过夜，须将车辆门窗关好、锁好并将钥匙交专门人员统一保管。禁止在维修车间内吸烟，特别是禁止在客户车内吸烟和擅自使用客户车上的音响、空调等设备，如遇到由于操作不当引起车辆损失，应及时通知车间主管。

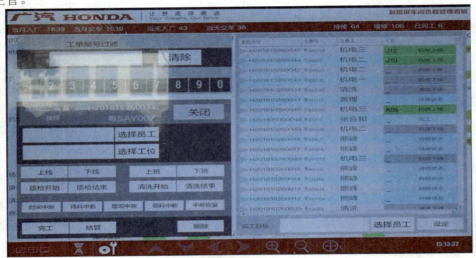

图 4-15　车间维修保养管理看板

3. 确认作业内容 / 规范维修作业

维修车间应备有维修手册、维修数据表和维修通信等资料，使每一位维修技师都能方便地使用或查询。

(1) 作业准备：开始作业之前，必须逐一核对接车单与车辆的情况，仔细阅读维修指令，确保对所描述的故障有准确的认识。

(2) 规范操作：根据维修委托书进行作业，按照各品牌汽车维修手册，使用规范和正确的修理工具及检测设备正确实施维修。

(3) 保养作业：对所有定期保养车辆按定期保养检查项目表进行检查，努力在指定时间内一次完成维修作业任务。

4. 服务信息反馈

作业中如发现新的问题或隐患，应随时记入维修委托书。对于无材料及工时成本的、易于处理的车辆故障或隐患，维修技师应给予免费的额外小修，并随时将解决或改善情况记载在维修委托书上，将免费检查项目表上的作业内容逐一细致检查。维修技师应重视修理的质量，落实"一次修好"，维修中维修技师关注的、未在维修委托书中反映的问题如有维修建议也需要及时向服务顾问反馈，服务顾问需要在第一时间向客户反馈并给出处理措施以征求客户意见。

5. 沟通客户

维修过程中，不管是在客户休息区等待的客户，还是已经离开的客户，对于车辆的维修进度都是不知情的。维修服务接待要随时与客户沟通车辆的维修情况，需要增修项目的更要与客户沟通好，取得客户同意后，在维修委托书上填写增加项目与增加金额，与在店等待的客户签字确认；对于离店的客户，也要在电话沟通后将维修委托书的新增项目和金额拍照发给客户，征得客户同意。车辆维修快结束时，应提前通知客户，在店等的客户可以合理安排离店时间，离店客户也可以安排取车时间。如果在店等待客户在维修过程中想要观看维修过程，维修接待人员一定要提示客户戴好安全帽进入车间，劝导穿高跟鞋的女士不得进入维修车间。随着数字化手段的应用，有的 4S 店可以通过 SMB(维修保养看板) 让客户了解自己车辆的维修进度 (见图 4-15)，有的 4S 店维修客户可以通过手机 APP 或者微信小程序查看车辆维修进度。

6. 完工检查

维修结束后，车间主管对照维修委托书的作业内容作检查，检查项目有无遗漏，确认故障是否消除，检查车辆安全部件的状况并给予服务顾问信息反馈，完成维修作业后，记录在维修委托书及免费检查项目表上，并签字确认，填写故障原因、措施内容以及最终结果。

4.4.2　专业维修执行技巧

1. 合理派工

(1) 了解各维修班组的能力。

(2) 了解各维修班组的当天状况。

(3) 其他服务顾问的横向沟通。

(4) 优先安排返修、预约车辆。

(5) 必须结合客户的需求。

(6) 维修保养的内部分工合理。

2. 内部沟通

(1) 抓住叙述的要点。

(2) 专业术语反馈维修信息。

(3) 专业话术沟通维修项。

3. 客户沟通

(1) 在修理过程中，服务顾问和在休息区等候的客户进行一到三次沟通，告知客户最新的进展情况和服务安排的变动。

(2) 陪客户到观摩区，介绍目前正在使用的技术。如果客户有兴趣，服务顾问可向客户提供与服务技师交流的机会。

(3) 向客户展示正在使用的专用工具、服务技师的培训证书以及服务技师所做的工单之外的检查项目。

4. 沟通要点

(1) 解释清楚增加或变更项目的原因。

(2) 站在客户的立场思考问题。

(3) 为客户提前制订多种解决方案。

(4) 既要保证客户及时了解信息，又要保证客户信息及时到达所有相关人员。

5. 注意要点

(1) 在可能新增维修配件的情况下，应先通知客户，在征得客户同意的情况下再施工，并详细解释维修的原因和原理。

(2) 尽最大努力，为客户节省支出，获取客户的信任。

(3) 向客户介绍增加费用的明细及所需时间。

(4) 给客户选择的空间。

(5) 使用专业又易懂的语言解释维修原理。

案例

2021 年 3 月，镇江市民胡女士将汽车送到 4S 店维修保养。汽车开进维修车间后，她发现皮包落在汽车上了，便到车上去取。不想，在经过维修车间时不慎滑倒受伤。经三五九医院 CT 诊断，胡女士腰 5 椎体向前 I 度滑脱，后辗转多家医院接受住院治疗，共计发生医疗费 94 427.56 元，其中 4S 店垫付 15 000 元。

从 4S 店提供的监控录像中可以看出，事发时，胡女士脚穿高跟鞋，维修车间地面光滑平整，看不出地面是否存在油污。日前，经济开发区法院判决了这起案件，法院审理认为，公民的人身权利应受法律保护，经营性场所应在合理限度范围内保障他人人身及财产安全，未尽到相应安全保障义务的应承担赔偿责任，受害人作为有完全民事行为能力的成年人，在行走时应保持高度注意，故其应对本人在行走过程中不慎滑倒导致自身损害承担主要责任。法院最后判决，4S 店赔偿胡女士各项损失共计 45 000 余元。

4.5 质量检验

4.5.1 质量检验流程

1. 维修技师自检

维修技师根据修理的作业内容做各方面的检查，检查客户要求的服务内容是否全部完成，尤其应细致地复检维修作业项目，看看是否存在问题，如果有问题，并且将影响到交车时间、维修项目及费用，则必须及时反馈给服务顾问。完成质量检验后，如果没有问题，则在维修委托书上签字，将维修委托书、更换的备件(随车)、车钥匙交给本班/组的班/组长。

2. 班/组长质量检验

车间班/组长按规定对所完成的维修项目进行质量检验，并核对有无遗漏的服务项目。重要修理、安全性能方面的修理、返修等应优先检验，当发现有问题时，必须采取措施进行纠正，将检验结果反馈给维修技工，以提高维修技工的技术水平，避免再次出现同样的问题。完成质量检验后，班/组长在维修委托书上签字。

3. 车间主管质量检验

质量检验的步骤如下：

(1) 车间主管按照维修委托书及免费检查项目表指示的每一项维修项目进行检查，逐一核实维修委托书作业内容是否全部完工。

(2) 每一个完工的维修项目都要完全符合品牌汽车的技术规范和要求。

(3) 如有必要应动检试车确认。

(4) 检查安装是否有遗漏或错误，紧固件是否完全紧固，车辆油液是否充足。

(5) 查核有无遗失物品(如工具、手册等)。

(6) 重新确认接车间诊单的记载有无错误，检查外观有无损伤。

(7) 检查维修技师作业文件，若维修技师填写的维修委托书及免费检查项目表的内容不完全，则要求修改。

(8) 将检查结果的内容记录在维修委托书及定期保养检查项目表上，并签名。

4. 厂内返修

如果完工的维修项目不符合维修技术标准，则需要返修；车间主管给出返修原因及维修指令，由主管重新分配工作。每天发生的返修记录要求记录下来并上报售后经理。

5. 清洁车辆

质检员将钥匙交给洗车工清洗、美容车辆。清洁美容标准：清洁用品保持干净，避免划伤漆面。清洗部位包括车身外观、车厢内部和涉及作业部位，强调关键部位的清洁，如前后灯壳、左右后视镜、引擎盖、全车玻璃、门把手、钢圈、烟灰缸、地毯以及仪表盘等。污垢和灰尘都要清理干净，车上无水珠、无指纹，如果条件许可，可简单美容、上蜡。

6. 质检员移交车辆

质检员检查车辆清洁美容质量是否符合要求，将车辆开至竣工交车区，并注意车头朝外停放，方便客户驾车离开，将维修文件和车钥匙交给服务顾问，向服务顾问移交完工车辆。移交车辆流程如图4-16所示。

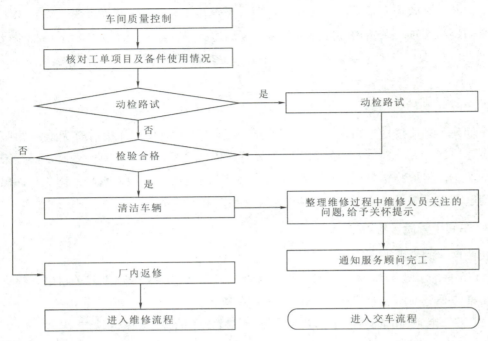

图 4-16　移交车辆流程

4.5.2　质量检验执行技巧

1. 提高一次修复率

(1) 具有准确的维修要求记录。

(2) 具有明确的故障描述。

(3) 具有精确的维修过程。

(4) 具有细致的内部检验。

2. 掌握完工车辆的维修情况

(1) 向有关人员了解车辆维修情况或质量状况。

(2) 向维修技工了解维修细节和是否需要额外的工作。

(3) 向技术专家了解有关故障的诊断情况和故障原因。

(4) 向质检技术员了解车辆检验情况、质量状况和存在的问题。

(5) 了解一些零备件的剩余使用寿命（制动摩擦片、制动盘、轮胎、雨刮片等）。

3. 亲自检查竣工车辆

(1) 服务顾问和质检技术员履行内部交车手续，亲自检查竣工车辆。

(2) 根据维修委托书所列的维修项目，检查是否所有的工作都已经按照客户的要求进行了处理，防止交车时仍存在未处理的维修项目。

(3) 检查车辆内部和外观，确保竣工车辆内、外得到彻底的清洁。

4. 检验 / 内部交车的关键行为

(1) 内部做好自检、互检与终检，将问题控制在内部。

(2) 自检、互检、终检做好签字确认，保证可以追溯。

(3) 所有维修过的车辆必须进行路面测试以确保问题已经解决。

(4) 维修技师详细告知服务顾问维修保养的项目与细节。

(5) 车辆修理好后，服务顾问根据客户要求的联系方式通知客户。

(6) 服务顾问对照委托书检查维修保养项目，确保完成。

(7) 服务顾问需要确保车辆的设定 (如座椅、收音机等) 复原到客户原来设定的状态。

 案例

段先生的车辆变速箱无故偶发失去动力，初期每次维修检查 4S 店都说没有问题，一切正常，第四次出现问题时故障灯亮起，4S 店无视车辆失去动力的情况，只把亮故障灯的情况上报厂家。随后开车过程中车辆再次出现故障，无法开动，车主自行拖车至 4S 店，4S 店仍认为问题不大，只肯修，不肯换。车主诉求：4S 店免费更换变速箱。

处理：根据车主与 4S 店陈述，总结争议焦点——引起变速箱故障的可能因素，是否存在质量问题，是否每次未进行问题全部维修以及质量检验就交车以及如何认定车主的损失。经过多次沟通调解，4S 店愿意免费维修，并表示后续再出现类似问题，按质保履行，双方对结果都表示非常满意。

提示：汽车维修经营者在汽车维修前应当对汽车进行全面检修，然后做好标记和记录，与车主核实需要维修的项目以及需要更换的零件等。待维修完毕，相关质检人员和试车人员都应该对车辆进行进一步的检验，避免有遗留的问题或故障引起客户二次维修或多次维修。

4.6　结　算　交　车

4.6.1　结算交车流程

1. 交车前准备

(1) 服务顾问亲自检查竣工车辆，确认已完成所有维修内容，确认故障已经修复。

(2) 任何不清楚的地方，应询问维修技师，并确认试车过程中车辆的状况。

(3) 对于返修工作，要特别注意确定是否已真正解决了返修的问题。

(4) 确保车况安全良好、各部液位正常。

(5) 检查车辆清洁状况。

(6) 检查确认客户自费更换的旧件。

(7) 确定车辆停车位置，便于陪同客户交车时易于找到。

服务顾问除了车辆的检查还要做如下工作：

(1) 检查和准备书面单据，核对维修委托书，确认维修项目全部完成。

(2) 检查维修委托书中的维修说明，核对免费检查项目表和质检结论。

(3) 核对领料清单，落实备件使用的必要性。

(4) 准备关怀信息，列出下次维修的建议项目，包括定期保养、环车检查时服务顾问关注的项目、维修过程中维修人员关注的项目及未尽事宜。

(5) 确认维修、备件和外包费用无遗留，编制与复核结算单据。

(6) 比较估价与预结算差异，做好差异说明准备。

(7) 整理交车资料和单据，单据应整齐、清晰、便于客户理解。

(8) 准备好客户车辆钥匙。

2. 通知并陪同客户接车验收

(1) 服务顾问完成交车前准备工作后就可以联系或通知客户，对于不在现场等待的客户，应电话通知客户，确定交车时间和付款方式。

(2) 对于在现场等待的客户，应前往客户休息室通知客户验收竣工车辆。

(3) 服务顾问陪同客户验收接车时，应引导客户前往交车车位，详细介绍修理结果。在可能的情况下，请客户亲自检查修理部位，对修理结果进行确认。故障维修必须向客户证明已经解决了问题，也可以利用标准化流程数字化所形成的数据，全面透明地呈现车辆状态，如刹车片损耗状态、电瓶电压状态、轮胎磨损状态、进气及空调滤芯状态等。

(4) 对于特殊作业项目，须与客户同车试乘，共同确认。

(5) 自费备件应当面展示清点后交回客户，可以结合更换备件的状态，说明更换的必要性。

(6) 询问客户旧件处理意见，若客户不需要，则由专营店负责处理。更换的保修备件，可以不向客户展示，但应告知客户备件已更换。也可以利用数字化技术，从生产端至零售端形成数字化节点足迹，使客户可以完成配件溯源查询，极大程度上解决消费者对配件真伪不放心的困扰；当客户面拆除"三件套"。

3. 服务说明

服务说明应当简明扼要，避免使用专业词汇，让客户易于理解，服务说明应结合交车文件，包括维修说明和费用说明。

维修说明重点包括维修委托书项目、故障、已完成的维修和效果，维修保养的过程、故障分析及原因，更换的备件及必要性，额外的免费维修项目。

费用说明重点包括总费用、总备件费和总工时费，分项工作的备件费、工时费；返修时还要说明上次费用及客户应当负担的费用；实际收费与估价不符时，必须给予合理解释；服务说明还应包括解答客户关心的疑问。

4. 关怀提示

关怀提示的目的是使客户感受到真正专业化和个性化的服务，加强接待员与客户的个人沟通和个人关系。

关怀提示的种类包括：已经列出的交车文件记录，避免故障和应急处置的方法，改进驾驶方式的建议，客户车辆下次保养的时间和里程，质量保修范围及时限。

5. 服务及费用确认

服务顾问询问客户对服务及费用是否认可，如有异议，应耐心解答，在保修手册中记录已进行的定期保养，打印车辆费用结算单 (见图 4-17)，并请客户签字确认。

车 辆 费 用 结 算 单

比亚迪汽车_____服务店 　　　　　　结算日期：___年___月___日

顾客信息						车辆信息		
姓名					车 型		VIN码：	
地址					车牌号		发动机号：	
电话	家(H)	办公室	手机(M)	购车日期			行驶里程：	
						服务顾问 姓名		

维修项目及工时费用
序号　　　　　　　　维修项目　　　　　　工时数　　　　　　工时费
维修类别
1.
2.
3.
4.
5.
6.
7.
8.
9.
10.

维修使用材料：
序号　备件号　备件名称　数量　单价　合计　发料类别
1.
2.
3.
4.
5.
6.
7.
8.
9.
10.
　　　　　　　　　　　　　　　　　　发料人签字：

其他费用：
工时费用合计：
材料费用合计：
其他费用合计：
总费用合计：

地址：　　　　　　　电话：　　　　　　　传真：

图 4-17 车辆费用结算单

6. 交车结账

服务顾问引导客户到结账处结账，出纳复核费用是否正确，客户付款结账。有的4S店服务顾问也可以引导客户通过微信公众号或者APP进行支付，虽然微信公众号或者APP会清楚显示本次消费明细，但服务顾问也要按照服务费用说明原则进行讲解。

7. 送别客户

服务顾问将车钥匙、行驶证交给客户，将联系电话提供给客户便于客户联系，约定电话回访的时间。引导客户至交车车位，为客户打开车门，送客户上车，同客户道别，表达谢意，并祝客户平安驾驶，服务顾问目送客户离开视线，然后更新客户档案，整理文档资料并归档。

4.6.2 结算交车执行技巧

1. 结算准备工作

(1) 审核维修委托书上的维修项目和车间技工的维修报告。

(2) 保证所有维修材料都已列在结算清单上。

(3) 保证报价与最后的结算一致。

(4) 准备好所有的相关材料。

注意：如果结算清单没有准备好，就不要通知客户其车辆已经准备好了。

2. 与客户共同检查竣工车辆

(1) 检查车辆外观、内部和车内物品。

陪同客户到竣工车辆旁，对照维修服务委托书像入厂检查一样和客户一道对车辆外观、车辆内部状态和车上的物品进行确认，这样可以向客户证明他的财产在店内得到了良好的保护和爱护。

(2) 重点指出车辆维修部位。

作为一个客户，他总是希望了解他的车到底哪个部位出了问题，是如何维修的。如果有可能应尽量向客户展示维修的部位或指出更换了的备件。

(3) 向客户出示更换下来的备件。

除了质量担保的旧件和客户特别声明的不保留旧件的情况，服务顾问应该向客户出示更换下来的旧备件并且征求这些备件的处理意见。

注意：旧备件应进行严格的包装才能放在客户的车里，防止把客户的车弄脏。对于电瓶、轮胎等客户不好处理并对环境有害的旧件，建议客户由服务顾问进行处理。

(4) 必要时和客户共同试验竣工车辆。

对于行驶、悬挂系统或者只有车辆在行驶中才能出现的故障，修复后如果客户要求，可以和客户一同试车来检验维修的效果，如果不能陪同客户，可以委托质检技术员或技术专家陪同客户一同试车。永远要把提供服务的可靠性放在第一位（不能把一次保养简化为一次简单更换机油的工作）。

3. 向客户解释所完成的工作、发票的内容和收费情况

1）向客户解释应客户的需求维修车间所做的维修工作

（1）根据接车时客户提出的故障描述，向客户解释解决故障的方法、进行的诊断测试、路试和执行的维修工作。

（2）解释维修过程中发现的问题和进行维修的必要性以及由此新增加的维修项目，如果客户是通过电话同意修理的，那么应该请客户补充签字确认。

（3）向客户说明在工作过程中维修技工发现并主动处理的一些小问题（如门轴噪音等）。

这样的技巧不仅可以清楚地向客户表明它所要求的工作都已经全面、高质量完成，而且还向客户提供了超值的服务，从而使客户对维修工作产生信任，增强客户满意度。

2）向客户出示结算清单

（1）如果客户租用了临时替代车辆，在结算时要收回临时替代车协议，并让客户签字。

（2）向客户解释结算清单上的每一项内容，但不要涉及一些技术性的细节内容。如果有必要向客户解释这些技术性的细节内容，可以请技术专家或者技术专家助理来帮助解释。

（3）向客户解释所进行的维修操作，并告诉客户这些操作都是根据他们的要求进行的；或者对于那些没有开发票的操作，可以把维修操作清单交给客户。

（4）列出哪些维修操作是免费的，可以向客户展示所有的问题都已经处理，并且价格完全是根据所进行的维修操作开出的。

3）向客户解释发票上的报价

（1）向客户解释维修服务委托书结算清单的每个项目与价格，让客户了解需要付钱的每一个项目，从而使客户觉得物有所值。

（2）向客户解释所进行维修操作的费用（包括用掉的时间、对汽车的测试、零部件的费用、保修等）。

（3）向客户解释报价与最初估价有出入的地方，提醒客户关注补充协议（这就是当初要让客户以书面形式确认进行补充维修操作的原因）。

4. 交车/结账中的关键行为

（1）服务顾问带领客户到他的车旁，按工单解释服务内容与费用。

（2）先进行服务交车，后要求提取车辆的客户付款，客户在付款时等待不超过5分钟，有网上支付条件的可以网上支付。

（3）服务人员可提供一定限额的折扣权来确保客户满意。

（4）整个交车过程应顺畅、便捷。

(5) 服务技师应随时待命，以回答客户提出的具体问题。

(6) 经销商能够提供取、送车辆的服务。

5. 吸引客户再次光临

1) 在交车过程中保持商业意识

(1) 给予客户一些关于汽车维护的建议，以提高客户乘坐的舒适性。

(2) 关心客户及其家人的安全，同时促使客户增加在汽车上的开销。如果客户技术检修的期限在一年之内，可以建议他进行预先检查。

(3) 告诉客户下一次保养的时间和里程以及某些损耗件 (如轮胎、制动摩擦片或摩擦盘等) 预计的剩余使用寿命，在结算清单上记录预计的更换时间，并提醒客户及时更换。也可以告诉客户根据 APP 或者微信公众号的提醒来进行下一次维保。

(4) 如果客户车辆需要"紧急维修"或"计划维修"，应该与客户约定维修的时间，这种维修涉及车辆的安全性，需要行业管理部门的审核。

注意：对于涉及安全的需立即修理的维修项目，服务顾问要向客户说明危害性并建议客户立即进行修理，如果客户坚持不进行修理，则应在维修委托书或结算清单上注明，并请客户在责任免除单上签字确认。

建议：服务顾问可以把客户的这些情况记录下来，作为对客户开展主动预约的依据，由服务顾问或客户关系部门到时候提醒客户，以增加客户的满意度。

好处：向客户建议对汽车车身或内部机械进行维护，或更换零备件，或装配附件，从而获得发展维修业务销售的机会。

2) 送客户离开

使客户感觉到服务顾问的关心自始至终，与客户告别，目送客户离开。可以向客户显示即使他已经付了钱，4S 店仍然关注他，关注他的期望，并会一直为他考虑，直到他离开服务站。一次维修服务的结束也许就是下一次维修的开始。

 案例

短期内汽车前大灯灯罩出现裂痕，车主质疑未更换

事件：2018—2019 年，彭女士先后在浏阳某 4S 店更换汽车左前大灯。前段时间，车辆大灯出现裂缝，她认为，4S 店没有换灯，只是维修，因此短时间内大灯灯罩出现裂痕，于是她联系 4S 店投诉。在纠纷发生时，4S 店只能找到 2019 年更换大灯的编码，无法找到 2018 年更换大灯的编码。

解决方式：经过多番调解，4S 店找到两次更换大灯的编码，车主表示认可。4S

店表示在保修期内大灯出现质量问题可以在店内修理。

案例分析：车主更换汽车零件时，建议查看零配件清单，完成车辆交接时，需再次检查是否维修完好，然后签字确认。如果没有及时检查便完成接收，之后发现问题可能会带来纠纷。其次，汽车维修经营者在汽车维修前应当对汽车进行全面检修，然后做好标记和记录，也可以利用数字化技术，从生产端至零售端形成数字化节点足迹，使客户可以完成配件溯源查询，极大程度上解决消费者对配件真伪不放心的困扰。在维修中应与车主核实需要维修的项目以及需要更换的零件等，可减少风险，避免纠纷。

4.7 服 务 回 访

4.7.1 服务回访流程

1. 做好回访前的准备工作

客服部回访专员掌握客户的联系电话，准备好回访记录表、维修服务委托书和客户档案。

2. 进行客户回访

客服部回访专员在进行客户回访时需要传达的信息包括：自我介绍（专营店和客服专员姓名），感谢客户在专营店接受的服务，本次电话访问的意图及大概需要的时间。

客服部回访专员需要获得的信息包括：客户维修保养后的车辆使用状况，客户对本次维修保养服务的满意度，调查客户的其他需求及建议。

在服务回访过程中，客服部回访专员可能会面临客户的抱怨与投诉。抱怨与投诉的表象是客户对商品或服务的不满与责难，而抱怨与投诉的本质是客户对企业信赖与期待的体现。投诉是客户对品牌汽车 4S 店有信心的体现，是客户给 4S 店进行改善改进的机会，4S 店要好好利用这个机会做好调整修正，便可以建立客户忠诚度，也就可以与客户建立长期关系。当然也有很多客户在没有得到满意的服务时并不选择投诉，客户不投诉的原因是：不知道如何投诉，向谁投诉；认为不值得花费时间和精力；没信心，认为企业不会有反应；没胆量，怕受打击报复；没勇气，不愿与必须承担错误的员工打交道。不投诉的客户可能是失望的客户，他会选择去别的地方。因此，处理投诉要明确抱怨所在、认同并中立化，然后提供解决方案。

处理投诉要做到先处理客户的心情，再处理事情。及时回应，因为让客户等得越久，客户就会越生气。如果可能，请客户到一个较安静的场所，这样可以让回访专员和客户都摆脱在公共场合的尴尬局面。不要滥于自己承担责任，对现实中不在职责范围内，超越权限的事情，不可答应。如果无法及时允诺，须告知客户何时可以回复。不要试图在争执中获胜，你的目标是要达到客户满意，让客户发泄不满情绪。一旦客户怒气消失后，他们会回到聆听的状态。寻求某些共识，告诉客户你对他们的不满表示同意。让客户了解事情的进展，如果解决问题需要一段时间，就要与客户保持联系不致让他们感到被人忘记。强调你可以做些什么，客户不会有兴趣听你不能做什么。将规则和政策作为利益来陈述，如果发现情况正好适用于一项公司规则或政策，就要将此项作为一项利益来叙述。

4.7.2　服务回访执行技巧

1. 档案管理

(1) 随时更新客户档案信息。

(2) 尽可能完善客户信息。

(3) 确保接触客户的所有工作人员都能看到更新的信息。

(4) 注意客户档案信息的保密性。

2. 客服回访

(1) 客服回访人员应了解本企业的客观情况，熟知本企业的运作模式与服务顾问、维修技师的特点。

(2) 客服回访人员应定期接受培训，有一定专业性，能够解决客户一般的咨询问题。

(3) 保证 100% 回访。

3. 顾问回访

(1) 服务顾问也要回访客户。

(2) 服务顾问在回访客户时应解决客户现实的问题。

(3) 服务顾问应与客服回访人员配合做好回访工作。

4. 特殊跟踪

(1) 服务顾问应对存在问题的客户做好记录并及时跟踪。

(2) 服务顾问应定期跟踪甚至拜访高价值的客户。

(3) 客服回访人员解决不了的问题，服务顾问及相关人员应配合跟踪。

5. 结果统计

(1) 客服回访人员的回访记录应由专人汇总。

(2) 其他人员的回访也应汇总统计。

(3) 定期形成回访报告。

6. 综合改进

(1) 客服回访人员针对回访中存在的问题改善回访质量。

(2) 服务顾问提升工作质量。

(3) 服务经理针对回访中的问题定期进行检查与整改。

7. 跟踪中的关键行为

(1) 客服中心在服务后 72 小时内 100% 回访客户。

(2) 根据客户在服务过程中确定的联系方式——通过短信、电子邮件或电话在回访的同时向客户致谢。

(3) 通过客户认可的联系方式如短信、电子邮件或电话向客户提供满意调查。

案例

　　车主孙先生投诉，因为烧机油的故障问题，他的车在某 4S 店花了 18 000 多元修了一年，进行了发动机三次开箱，但是维修后一直到现在冷启动发动机依然异响，一直亮故障灯，汽车处于异常状态。投诉一次修理一次，还是不能解决问题，第三次过后，孙先生将该品牌的车折价卖了，并再也不买该品牌了，也劝告身边的朋友亲戚都不要买这个品牌的车。

　　案例分析：投诉是客户对品牌汽车 4S 店有信心的体现，投诉是客户给专营店进行改善改进的机会，4S 店要好好利用这个机会做好调整修正，便可以建立客户的忠诚度，也就可以与客户建立长期关系。但是如果客户明明不满意，也不愿意投诉，代表客户已经对这个企业没有了期望。沉默并不是代表客户心胸开阔，而是代表着客户可能会流失。

复 习 与 思 考

1. 简述汽车维修服务接待流程。

2. 扩大订单的技巧有哪些？

3. 投诉对于企业来说是一件好事吗？

任 务 训 练

训练内容：汽车维修服务接待流程。

(1) 请同学们分角色扮演客户以及维修接待人员。

(2) 评分标准如下：

考核要点	分　值	评　分	备　注
电话预约	10		
服务接待	20		
开具委托书	20		
专业维修	10		
质量检验	10		
结算交车	20		
服务回访	10		

模块五　客户沟通与接待技巧

学习目标

◎　知识目标

1. 理解并掌握客户关怀的方式。
2. 理解并熟记处理客户的异议、抱怨、投诉的原则和意义。

◎　技能目标

1. 能够运用客户关怀技巧。
2. 能够正确处理客户的异议、抱怨、投诉。

5.1　运用客户关怀技巧

1. 客户关怀的定义

"客户关怀"这一概念由克拉特巴克提出，他认为："客户关怀是服务质量标准化的一种基本方式，它涵盖了公司经营的各个方面，包括产品的设计、包装、交付和服务等。"这个定义强调产品从设计和生产一直到交付和服务支持的交换过程中每一元素的重要性。事实上，在讨论服务和营销过程时，克里斯托弗论述道：技巧在于以某种方式管理营销和服务这双臂膀，以图在追求成本优势的同时通过客户服务来实现最大化增值。客户关怀的目标是符合"客户第一"理念的全面的客户满意，需要通过发现客户的需求和期望，并提供最好的服务来实现。客户关怀也是一种与他人沟通交流的能力，具体体现在问候和迎接客户，展示亲切和礼貌，倾听、提问和给予客户建议，尊重客户的感受等方面。

2. 客户关怀的方式

近几年，随着人民生活水平的提高，人们更注重精神上的满足。客户到维修企业，不仅关心维修的质量，更加在意是否享受到满意的服务和足够的重视。关怀可以让客户在精神上得到满足，从而抓住客户的心。企业一般通过以下方式来表达对客户的关怀：

(1) 在客户的车辆维修完毕后，企业要对其进行回访，询问客户对维修是否满意，如果不满意，要尽量采取一定措施来使客户满意，而且要经常听取客户的意见和建议，并及时改进。

(2) 在一些节假日，企业要为客户送上问候和祝福，尤其在客户生日时，要特地进行祝贺或者送一些小礼物等，以表示企业对他的重视与关怀。

(3) 如果客户很久没有来厂里维修，企业要联系客户，询问情况。如果客户对维修有不满，应表示歉意，并征求客户意见，必要时登门道歉。

(4) 要多从客户的角度考虑问题，思考客户的所需所想，主动为客户提供服务。例如，主动告知客户不同季节的用车注意事项，在特殊天气提醒客户小心用车。

(5) 为客户提供服务时，要把客户满意作为首要的目标，真心实意地为客户服务。

(6) 要尽可能地帮助客户降低服务成本，赢得客户的信任。

(7) 在与客户沟通时，勿表现出明显的商业行为，要与客户建立比较稳固的感情联系。

(8) 要在客户满意和公司利益之间寻找最佳平衡点，要把握公司的长期利益。

📋 案例

小薇最近发现发动机烧机油比较严重，于是开车到某 4S 店想大修发动机，并咨询维修的费用。4S 店服务顾问询问了小薇一些关于车的情况，然后告诉小薇：可以先把机油加注到正常，回去观察几天，再看是否需要修理。随后，4S 店服务顾问对此次修理做了测算，并给出了三种可能的解决方案，前两种方案就可以解决问题，费用在 800 ~ 2000 元，而小薇提出的发动机大修，费用要 4000 ~ 6000 元，因此 4S 店建议她采用前两种方案。

听了 4S 店的分析，小薇很高兴，加注了机油就回去了，走的时候还收到 4S 店的短信提醒：尊敬的车主朋友，雨天开车慢行，注意安全。并附上如何观察机油及求助电话。通过这件事，小薇与这家 4S 店建立了深厚的感情。

思考：从这件事中，企业经营者能得到什么启示？

5.2 客户异议处理

1. 客户异议的含义

客户在与服务顾问沟通的过程中，对服务顾问提供的建议或服务提出不同的看法和意见，表现出怀疑、否定或是反对的态度，就是客户异议。客户和服务顾问是两个不同的利益主体，客户会根据自己的利益标准衡量并选择服务顾问提供的服务及建议，会因为心理因素或思考方式不同等原因产生异议。优秀的服务顾问能够把握客户的心理活动，将客户的异议转变为认可和接受。正确对待并且妥善处理客户异议，是优秀的服务顾问必备的能力。

2. 异议处理的类型

1) 对价格的异议

客户对价格的异议是最为常见的。客户可能希望降低价格，或者将高价配件更换成低价配件，还有可能因为价格问题而放弃某些服务。这些异议是由于企业对维修服务及配件的收费标准与客户的期望不符而产生的，如果服务顾问无法处理这类异议，那么对服务或项目的推荐基本上都会失败。

2) 对维修质量或效率的异议

维修质量和维修效率也是客户能否接受企业维修服务的重要考量因素。客户可能认为企业给自己安排的维修人员经验不足，还可能质疑维修人员的数量太少或维修能力不足，导致排队时间过长，或是在维修后对企业的维修质量产生疑虑。对于这类异议，服务顾问要对维修工作有充分的了解，才能利用适当的理由为客户作合理的解释，消除客户的异议。

3) 对企业的异议

客户的异议有时不仅仅是针对产品或服务，也可能受到企业的经营方式和口碑信誉等因素的影响。例如，由于看到或听说了关于企业负面的评价，从而质疑企业提供的服务。对于这类异议，服务顾问要帮助企业树立良好的口碑和信誉，从事实出发，让客户了解企业的服务优势。

4) 对服务顾问个人的异议

有些客户会因为个人喜好或是习惯，不喜欢服务顾问的沟通方式，排斥服务顾问的想法和建议；或是由于服务顾问自身的工作方式存在问题，引起客户的反感。对于这类异议，服务顾问首先要反思自己的言行举止和沟通方式是否存在问题，要懂得察言观色，设法获得客户的信任。

5) 由于竞争者产生的异议

客户选择企业时，可能会对比不同企业的优劣，从而对企业的不足之处产生异议。对于这类异议，服务顾问应当向客户证明企业能为客户提供相同品质甚至更好的维修服务和产品，扬长避短，消除客户的疑虑。

6) 由于不需要产生的异议

对于服务顾问建议的项目，有些客户可能认为没有必要或是暂时不需要，因此拒绝服务顾问的建议。对于这类客户，服务顾问也应礼貌、热情地表示理解。

3. 异议处理的态度和原则

服务顾问不能限制或阻止客户产生异议，但可以设法引导客户的想法，转变客户的态度。因此在处理客户的异议时，服务顾问首先需要把握正确的原则和态度。

1) 勇于接受客户的异议

客户提出异议正是客户关心自身利益的表现，因此当客户提出反对的意见和理由时，也是服务顾问了解客户新需求的时机。优秀的服务顾问会对客户提出的反对意见表示欢迎，将客户的异议转化为向客户推荐服务项目或产品时的依据。

客户提出异议的潜在信息是可能还需要更进一步地了解被推荐项目的价值和作用，才能做出最后的决定。服务顾问可以抓住这个机会，为客户做更详细的说明。

客户提出的异议，既是服务过程的障碍，也是推荐工作进一步发展的基础。因此服务顾问要勇于面对和接受客户的异议。

2) 认真对待客户的异议

(1) 保持冷静，仔细倾听。

客户提出异议后，服务顾问应保持冷静，认真倾听客户所讲，了解客户意见的内容和要点。服务顾问在听取客户意见时，不要打断客户的谈话，更不要妄下断言，否则会让客户认为服务顾问并不想了解自己的想法，也就不会想再同服务顾问谈下去。

同时，服务顾问在倾听过程中还要表现出理解并重视客户观点的态度，即便客户的有些异议可能是没有道理的，也要让客户感受到服务顾问的真诚和友善。

(2) 正确理解，认真分析。

不同的客户会产生不同的异议，而同样的异议又可能有不同的原因。因此服务顾问要根据客户的话语，把握客户的心理活动状态，正确理解客户的想法，判断异议产生的根源，才能有针对性地给予客户满意的答复，改变客户原有的看法。

(3) 审慎应对，保持尊重。

应对客户的异议时，服务顾问应以沉着、坦白、实事求是的态度，将有关事实、数据、资料等，以口述或展示的方式让客户了解。回应客户时要措辞恰当、语气温和，不可粗鲁地反驳客户，指责客户的意见是错误的。

若服务顾问没有考虑好如何答复客户，也不能欺骗客户或是妄下断言，这样会让客户失去对服务顾问甚至是企业的信任。

即使服务顾问无法转变客户的想法，也应尊重客户的选择，与客户建立良好的关系，以便日后有机会再与客户讨论这些分歧。同时服务顾问在处理异议时也要做好遭遇挫折的准备，在与客户的沟通过程中不断积累经验。

4. 异议处理的方法

处理异议时掌握与客户沟通的技巧和方法有助于服务顾问更从容地面对客户的异议，这里列举了处理异议时的几种常见方法。

1) 转折处理法

使用转折处理法时，服务顾问需要根据有关事实和理由间接否定客户的意见。服务顾问应首先承认客户的看法有一定道理，做出一定的让步，再讲出自己的看法。

2) 转化处理法

客户的异议具有两面性，既是交易的障碍，也是很好的交易机会。客户的意见能够反映出客户认为产品或服务存在的问题，此时服务顾问可以根据客户的反对意见，找到为客户解决问题、消除疑虑的方案，为客户提供建议，将客户的反对意见转化为提供建议的理由。这样做既能让客户产生兴趣，还能让客户感受到服务顾问是真正在为其着想。在转化反对意见时，服务顾问也要注意绝对不能伤害客户的感情。

3) 以优补劣法

若客户的反对意见的确是企业所提供的服务中存在的问题，服务顾问就不应回避，甚至是直接否定。服务顾问首先应肯定问题的存在，接着利用服务中其他的优点来补偿甚至抵消这些缺点在客户心中产生的影响。这样有利于使客户的心理取得一定程度的平衡，帮助客户转变想法，接受企业的服务。

4) 反驳处理法

服务顾问若直接反驳客户，容易破坏沟通气氛，使客户产生敌对心理，不利于客户接纳服务顾问的意见。但当客户对企业服务或产品产生误解，而服务顾问掌握的资料恰好可以为客户消除误解时，可以用友好、温和的态度直接向客户说明，此时采用实际的数据或例子会更有说服力。同时服务顾问展现出的信心也能够增强客户对产品和服务的信心。

5) 冷处理法

冷处理法是针对一些不影响成交的反对意见的处理方法。服务顾问虽然需要对客户的异议进行处理，但是也不能对客户所有的反对意见都立即作出回应，这样也会给客户造成不好的印象。对于一些无碍维修服务进行的问题，服务顾问不要争辩，可适当为给客户带来的不便表示歉意，接着将话题转向自己要说的问题。

案例

车主刘先生到某汽车 4S 店给自己的爱车做保养，服务顾问推荐刘先生使用店里正在推广的新型机油。刘先生说不用，之前的机油用着挺好的，换成贵的也不一定更好。服务顾问心想，刘先生一定是觉得这种比较贵，不想多花钱，于是就告诉刘先生还有一款稍微便宜一些的，也可以试试。刘先生再次表明自己确实不想换，说不是不想花这个钱，而是觉得没有必要。服务顾问听后马上反驳刘先生说您这种想法不对，试过才会知道哪种更好用。刘先生已经有些不耐烦，说自己真的不想换。

服务顾问再三推荐不成，心中有些不悦，冷冷地回应刘先生说不换就不换。刘先生听后有些生气，自己是客户，本来就有选择的权利，因为自己不接受推荐，服务顾问态度就变化这么大，太过分了。

通过这个案例可以看出，这名服务顾问面对刘先生提出的异议，犯了以下几点错误。

(1) 没有正确理解客户产生异议的原因。客户不愿意更换机油并不是因为新机油的价格高，而是认为新机油在品质上不一定会有提高，服务顾问若能领会到这一点，从新旧机油的质量出发，让客户明白新产品的质量有何提高，能为驾驶带来何种好处，客户会更容易接受服务顾问的建议。

(2) 不礼貌地反驳客户的意见。服务顾问认为客户的意见有不妥时，也应采取温和、礼貌的方式为客户说明，而不是直接指责客户的想法是错误的。

(3) 遭到拒绝后态度迅速转变。被客户拒绝后，服务顾问还是应礼貌、热情地对待客户。如果让客户感受到拒绝前后服务顾问态度的变化，会让客户失望，导致客户的流失。

5.3 客户抱怨处理

客户抱怨是指客户对所购产品或者服务感到不满意而通过言行等进行的负面表达方式。及时平息客户的抱怨，关系到企业的信用、企业的服务质量。

1. 客户抱怨的危害

1) 影响企业形象

客户在抱怨时，可能会向现实客户或潜在客户传播其经历和感受，以至于对企业形象造成负面影响。

2）降低营业额

客户抱怨往往是客户发表不满的一种方式，希望通过抱怨提高产品、服务质量。而当客户产生不满意的体验后，如果企业没有及时处理，那么客户可能会在选择产品方面有所保留，购买意向降低，从而降低汽车维修企业营业额。

3）增加处理难度

在汽车维修企业实际工作中，如果不能及早地重视和处理客户的抱怨，及时与客户沟通，客户的抱怨可能会升级，用投诉甚至向媒体曝光、提起诉讼等一系列行动来维护自己的权益，增加企业处理的难度。

2. 客户抱怨的原因

1）产品原因

产品包括品牌形象、产品质量、产品价格、保修索赔，以及附加价值等内容。产品出现问题或者客户不满意都会产生抱怨。

2）服务原因

影响汽车维修企业服务的因素包括人员素质、环境条件、服务态度、承诺履行、维修能力、工作效率。现代企业的竞争很大一部分是来自服务的水平，汽车维修企业在注重产品的同时，应提升服务质量，以便有效地减少或避免客户的抱怨。

3）客户自身与外界原因

客户自身与外部环境也会产生客户抱怨，如客户不正确使用产品、对服务条款理解有误、实际感受与期望差异、从中攀比，以及对客户投诉处理方式不满等。

3. 抱怨处理原则

1）基本原则

（1）第一时间处理客户抱怨。

（2）第一负责人制。

（3）两小时内相关责任人必须与客户进行电话联系。

（4）三日内必须向客户反馈处理进度或结果。

（5）认真执行企业销售和服务政策、管理流程。

2）顺序原则

（1）先处理感情，再处理事情。

（2）先带客户远离客户群。

（3）让客户感受到被重视。

（4）适当给予补偿，不做过多承诺。

5.4　客户投诉处理

1. 投诉的概念

投诉是客户在接受客户服务过程中所感受到的不满意而向有关部门申诉的行为。

随着社会法律意识、服务意识的不断增强，人们的消费维权意识也不断提高，需求和要求也逐渐增加，产品和服务达不到客户的期望，客户就会感到不满。要使客户满意，除了要提供优质的服务外，还要正确地处理好客户的投诉。

 案例

赵先生的汽车驾驶了 5 年，行驶里程是 70 000 km。最近汽车的发动机总是无法启动，赵先生将车送进某 4S 店修理，维修人员为他更换了发动机和启动机，但有时车辆还是无法发动。于是赵先生又将车送回 4S 店维修，可还是没有修好。赵先生认为这家 4S 店的维修质量太差，向经理投诉。

一名服务顾问代表经理接待了他。服务顾问了解情况后，告诉赵先生是因为他的汽车太旧了，不是维修的问题。赵先生听后很生气，认为自己的车并没有那么旧，是 4S 店在推卸责任，于是给企业总部拨打了投诉电话。

2. 客户投诉的类型

客户投诉一般分为以下类型，如表 5-1 所示。

表 5-1　客户投诉类型

分类方式	类　　型
按投诉的内容分类	对价格投诉
	对服务投诉
	对维修质量和维修效果投诉
	对配件投诉
按投诉的诉求分类	要求道歉投诉
	要求折扣或补偿投诉
	要求退换或返工投诉
	要求赔偿投诉

续表

分类方式	类　　型
按责任方分类	企业方负全责的投诉
	企业方负主要责任的投诉
	企业方负次要责任的投诉
	客户负全部责任的投诉
按投诉的严重程度分类	轻微投诉
	中等投诉
	严重投诉
	极其严重投诉

3. 投诉处理原则

1) 以解决问题为中心

客户向企业投诉的目的是解决问题，若企业无法为客户提供合理、满意的解决方案，客户就会更加不满和愤怒。在处理客户投诉时，任何消极的逃避、拖延等行为都会导致问题更加严重。因此，企业要将解决问题作为处理投诉的首要原则。

2) 首问负责

首问负责原则要求接受客户投诉的工作人员要帮助客户处理到底，不可推三阻四。很多情况下，客户投诉的问题原本并不严重，但是在被多个部门推诿、拖延后，客户就会彻底失去耐心，转变成更严重的问题，引发更大的矛盾。

3) 自我批评

面对客户投诉，企业的工作人员都要遵从自我批评原则。不论是客户和企业的哪一方需要担负的责任更大，服务顾问都不能直接指责客户。正确的做法是要谨慎谦虚的面对客户，对客户在维修服务中遇到的问题表示理解和抱歉，并说明会尽力为客户解决问题。

4) 责任归人

企业的服务出现问题时，可能是产品的质量问题，也可能是维修人员的人为错误等造成的。但不论是何种原因，服务顾问向客户说明责任归属时，都不应直接告诉客户是产品质量有问题，而要先让客户相信企业的配件和维修质量是有保障的，再向客户说明是负责这项工作的哪个部门的工作人员出现了问题，将问题归结到工作人员的操作等方面。

因为客户对企业的信任首先来源于对产品和维修质量的信任，如果工作人员操作出现了失误或瑕疵，企业还可以通过各种措施提高员工的工作能力。但是若告诉客户是产品质量不好，客户就会彻底失望。

若企业意识到是产品质量问题，可以马上采取措施，使用质量更好的产品。但在应对客户投诉时，企业还是要以保持客户对产品质量的信心为重。这样的处理原则既可以让客户保持对产品质量的信心，又可以给客户留下工作人员勇于承担责任的印象。

5) 三换原则

(1) 换当事人。

当客户对给自己提供服务的服务顾问意见较大时，如果仍由该服务顾问出面解决问题，可能会引起客户更大的不满，不利于问题的解决。因此换一个更有经验和能力的工作人员出面解决，会让客户更易于接受，有利于问题的解决。

(2) 换地点。

客户在店内投诉时，会给其他客户带来不好的印象，影响企业形象。因此服务顾问接待投诉客户时要把客户请到办公室或接待区等安静的地方。这样做一方面可以帮助客户平复心情，另一方面也可以维护企业形象。

(3) 换时间。

如果投诉无法马上解决，客户的不满无法消除，则可以与客户另外约定时间，安排更高级别的负责人处理问题。

4. 投诉处理流程与方法

客户投诉处理流程如图 5-1 所示。

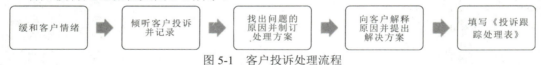

图 5-1　客户投诉处理流程

1) 缓和客户情绪

一般情况下，来投诉的客户情绪都很不好，有些客户可能还会比较激动，希望得到接待人员的关注和认同。因此为了使进一步的沟通能顺利进行，服务顾问需要先向客户致歉，表明态度，缓和客户的情绪。

到店内投诉的客户可能更希望引起别人的注意，既希望引起工作人员的注意，也希望获得店内其他客户的注意。因此，这些客户可能会选在前台、会客室等地，大声责备工作人员或是提出诉求。如果服务顾问任由客户在其他客户面前发表不利的观点，会造成非常严重的影响，因此服务顾问需要迅速将这样的投诉客户带到方便谈话的地点。

对于拨打电话投诉的客户，接待人员也要注意先安抚客户的情绪，让客户明白企业会认真对待问题。

2) 倾听客户投诉并记录

服务顾问在接待投诉客户时，要认真地倾听客户反映的问题，不要随意打断客户的陈述，在倾听的过程中，尽量理解客户的心情，站在客户的角度去了解客户的投诉内容，并对客户的投诉内容做好记录。

若还未了解客户的个人信息，还应在记录客户的投诉内容后，询问客户的姓名、车牌号等，以便查找客户的维修保养记录。

确认信息后，接待人员在去帮客户查找问题原因前，需要先告知客户，让客户稍等。若客户在店内，则请客户休息等待；若客户是通过电话投诉，那么要告诉客户会稍候给他回电话。

3) 找出问题的原因并制订处理方案

服务顾问应根据客户的描述和对各部门负责人的询问，了解问题发生的根源是什么，并根据客户的期望和企业的能力制订解决方案。若采取的措施在自己的权限范围内，则可以不请示领导，自行处理。若问题较为严重或复杂，需要提供较大的补偿或需要更进一步的商议，服务顾问需要将情况上报给领导，得出最终处理方案后，方可告知客户。

4) 向客户解释原因并提出解决方案

服务顾问将查到的原因和得出的解决方案如实告知客户，询问客户的意见，争取一次性解决问题。

5) 填写"投诉跟踪处理表"

处理好客户投诉之后，服务顾问应根据客户的投诉内容，以及后续的处理过程，填写"投诉跟踪处理表"，如表 5-2 所示。填写"投诉跟踪处理表"是为了帮助企业总结自身的不足，及时发现问题，并避免类似情况的再次发生，预防客户的投诉。

表 5-2 ×××汽车 4S 店投诉跟踪处理表

×××汽车 4S 店投诉跟踪处理表				
客户信息	客户姓名		联系电话	
	车辆型号		车辆进厂日期	
	车牌号码		行驶里程	
投诉内容				
	第一接待人		接待日期	
问题原因	原因描述			
	责任人			
处理记录				
	处理责任人		处理时间	

复习与思考

1. 处理客户投诉的原则是什么？
2. 客户抱怨产生的危害有哪些？
3. 客户投诉处理流程是什么？
4. 客户关怀的方式有哪些？
5. 客户产生抱怨的原因有哪些？

任 务 训 练

据调查结果显示，一个客户会向周围的 3 个人分享满意的感受，但当其对所得到的产品或服务不满时，则会向 11 个人倾吐不快；如果客户们的抱怨能得到妥善处理，这些人中的 70% 有可能再次光顾；若其投诉能得到及时而且满意的处理，那么至少有 90% 的人会成为"回头客"。下面就通过测试来看看你是否善于处理客户的抱怨。

---

1. 当发现客户对你属下某位职员的服务及解释表示不满时，你会：
A. 让职员自行解决
B. 不马上作出反应，但会找时间加强对该职员的培训
C. 请该职员暂时回避，另派有经验的职员及时调解

---

2. 遇到不满的客户在公共场合高声抱怨，你的做法是：
A. 对此愤愤不平
B. 派人前去当众调解
C. 邀请该客户到另一个场合坐下来恳谈

---

3. 对于情绪处于过激状态且不太讲理的客户，你会：
A. 怒火中烧，与其争吵
B. 不断讲道理，作出解释
C. 暂不与其见面，待其情绪稍稳时再亲自出面调解

---

4. 在处理客户抱怨的过程中，你做的第一件事是：
A. 指出己方有理之处
B. 向客户致歉，并解释自己的难处，希望对方理解
C. 倾听客户抱怨，认真记录客户提及的要点，并再次就这些要点向客户核实，使其情绪彻底稳定

5. 对于处理客户抱怨时是否采用补偿方式，你的态度是：
A. 尽力说服对方，坚决不予理赔
B. 可以进行适当的利益补偿
C. 先分析客户的消费动机，然后针对客户的需求点来进行补偿

6. 事后你是否会在公司内部调查客户抱怨的起因：
A. 常常会忘记
B. 会进行一定的反思
C. 会对抱怨发生的原因进行详细探讨

7. 对于抱怨事件的处理结果，你会：
A. 处理完了就完了，去做其他的事情
B. 进行一定的反思
C. 向有关人员说明处理结果并总结经验，追究有关人员的责任

8. 公司是否有一套专门处理客户抱怨的程序：
A. 目前还没有
B. 没有刻意总结出来
C. 有这样一套程序

9. 你是否会针对处理客户抱怨一事，教育培训员工：
A. 暂时没有
B. 就事论事，进行一定说明
C. 曾将其作为服务客户的一个内容来培训

10. 对于你对客户的承诺，你是否监督执行的细节问题：
A. 把承诺布置给下级即结束
B. 把承诺告诉下级去处理，并要求其反馈结果
C. 关心处理中的细节，比如让有关负责人电话致歉、确认是谁在对此事进行补救等

测评结果：

选 A 得 1 分，选 B 得 2 分，选 C 得 3 分，最后将分数加总。

10 ～ 16 分：你处理客户抱怨的方式不够委婉，源于你比较强硬的个性。在买方经济下，服务至上的竞争思维还没有体现在你的实际行动中，这样对你的企业很不利。

17 ～ 23 分：你对客户抱怨的处理方式基本得当，但还不够深入人心，客户的满意基于你提供的产品或服务能满足甚至超越他们的心理预期。此外，在内部管理中，你还需要强化抱怨处理的规范，并监督执行。

24 ～ 30 分：你善于处理客户的抱怨，重视客户的满意度及其口碑宣传，把服务营销放在一个比较高的位置上，企业内部管理也能围绕着客户进行，所以有抱怨的客户还有很多能成为你的回头客，请继续努力。

附录　汽车维修服务案例

案例一　客户张先生预约于 2020 年 9 月 21 日到 XX 奥迪 5S 店进行 40 000 km 的保养

情景一　客户预约（下文中，F 代表汽车维修服务顾问，C 代表客户）

1. 电话预约（时间 2020 年 9 月 18 日　预约方式：电话沟通）

F：您好！×× 奥迪 5S 店。

C：你好，我想预约做 40 000 km 的保养可以吗？

F：当然可以，预约做 40 000 km 保养，非常欢迎。请问先生贵姓？

C：免贵姓张。

F：张先生您好，请您先告诉我您的车型和车牌号，我来准备您的维护记录，您看可以吗？（同时拿起笔，摆好纸，做记录）

客户说出自己的车型和车牌号码，服务顾问将其详细记录下来，并向客户复述确认。

F：请张先生您稍等片刻，我查看一下您的车辆资料。

服务顾问将听筒轻轻放下，如果有等待键则按下等待键。查询到客户车辆资料后拿起听筒向客户描述信息。

F：张先生让您久等了，您于 × 年 × 月 × 日购买了 ×× 车型对吗？（让客户知道系统中详细记录了自己的车辆信息资料，让客户感觉到服务的亲切和周到）

F：那么张先生，请问您希望在哪一天什么时间段做这个 40 000 km 的保养呢？

C：我希望能在大后天就是 9 月 21 日中午 1 点左右。

F：明白了，9 月 21 日中午 1 点左右，对吧？这个时间我们店还没有安排预约，所以没问题。那我们就给您安排在 9 月 21 日 13 点，您到时可以来我们店，对吗？（当客户回答了自己希望的维护时间后，复述客户的要求并确认）

C：没问题。

F：好的，谢谢！顺便问一下，您在用车时发现车辆还有别的问题吗？无论什么方面的问题都可以告诉我。（询问客户的车辆是否存在其他问题，如有问题，则详细记录，并向客户复述确认。体现客户关怀）

C：暂时没有发现。

F：如无其他问题的话，您车辆的维护时间在 1 小时左右，您时间上方便吗？

C：方便。请你先帮我大概计算一下保养的费用。

F：好的。按照保养手册的项目，40000 km 的保养费用是 × 元。到时会根据维护检查的情况，如果发现有需要增加维护的项目，会第一时间把检测结果告诉您，征求您的意见，其他项目的相关费用到时候根据实际的情况结算。

C：好的。

F：张先生，我们会提前一天给您发送预约提示的短信，请问您方便接收信息的号码是这个来电号码吗？我叫小李，已经受理了您的预约，如果您有什么问题，请随时与我们联系。再次感谢您致电预约。再见！(等客户挂断电话后，再将电话轻轻放下)

2. 填写预约登记表，查询备件库存情况

客户致电预约后，服务顾问要填写预约登记表，及时查询备件库存情况，确定备件是否有库存。如果没有库存，组织调配。

预 约 登 记 表

项目	预约时间	客户姓名	联系方式	车型	车牌号	所需要的维修	交付	固定工时最大小时数	注释
1	2020.9.21.13:00	张先生	159××	Q52018款 2.0T	××	40 000 km 保养	9.21 15:00	2	
2									
3									

3. 短信温馨提示

预约时间的前一天，向客户发送短信提醒，向客户进行确认。短信内容如下：

温馨提示：张先生您已预约明天 13 点来店做车牌号为 ×× 车的 40000 km 保养，维护时间大约为 1 小时。我们恭候您的光临，如能准时到店，请短信回复"确认"，谢谢。××× 奥迪 5S 店。

发送短信后不久，收到客户的回复确认短信。

情景二 客户接待(时间 2020 年 9 月 21 日 13 点左右张先生如约到店)

引导客户把车驾驶到维修服务接待的车辆停放区。面带微笑，迎接客户下车：

F：张先生您好，我是之前帮您预约登记的服务顾问小李。感谢您的光临，我已经提前帮您安排好了工位和技师。

跟客户进行简单礼貌的沟通寒暄。

F：张先生，从系统里面查询到，您的车之前都是按照保养手册来做的，做得很及时也很完善，如果稍后检车没有其他的问题，按照这款车 40 000 km 的保养项目，具体有这

些，请您过目一下。(把客户引导至接待区，打开保养手册，请客户确定保养项目)

C：我看了一下，×× 这个项目这次可以不做吗？我记得之前 ×× 时间才做过。

F：张先生，按照保养手册，×× 项目上次做了，只是按照时间和里程，这次又该做了，原因是 ×××。(从专业的角度回答客户的问题)

C：好吧，那就开单吧。

服务顾问核对客户信息，建立维修委托书并打印。维修委托书打印完毕后，服务顾问将信息逐一和客户正式确认并请客户在维修委托书上签字，再将客户联交给张先生作为取车凭证，然后根据客户的需要安排张先生在客户休息厅休息。

情景三 维修中发现新增项目

车辆进入车间保养后，服务顾问被告知该车需要更换制动摩擦片和后桥油封，原因是后桥油封出现润滑油轻微漏油，从而污染了制动摩擦片，该情况可能导致制动不良。服务顾问小李立即把该情况告知客户。

F：张先生您好，车间的工程师刚告诉我，您的车需要更换制动摩擦片和后桥油封。因为后桥油封出现润滑油轻微漏油，污染了制动摩擦片，该情况可能导致制动不良。

C：是吗？我开车的时候踩刹车，没有发现有异常啊，刹车效果很好的嘛。

F：张先生，是这样的，现在的情况并不是出现了刹车不灵，如果是那样的话就太危险了。您回忆一下，在您行驶踩下刹车的时候，是不是感觉有抖动？

C：……仔细一想好像是有一点，因为不是很频繁，且抖动比较轻微，所以我就没怎么在意。这样一说，好像是的。

F：是的，张先生。制动系统是汽车的一个重要组成部分，它直接影响汽车的安全性。为了行驶的安全，建议您更换。另外，交车的时间比我们此前预计的时间会延长半个小时。(以客户为中心，为客户着想)

C：好吧，那就换吧，更换需要增加多少钱？

F：系统上查到，更换这两项是 ××。

C：换下来的零部件都会拿出来给我看是吧？(客户有担心和疑虑)

F：是的，张先生。请您放心，更换下来的所有零配件，我们都会放在一起，给客户看。(打消客户疑虑，体现专业性)

客户同意后，新增的项目用红笔补充在工单上，并请客户签字。

情景四 客户车辆交付

小李去客户休息厅通知张先生车已维护保养完成。陪同客户查看车辆的维护情况，依据维修委托书向客户说明。向客户说明车辆相关维修维护的专业建议及车辆使用注意事项。向客户展示更换下来的旧件。当着客户的面取下四件套并放于回收装置中。

引导客户到结算前台，打印出维修结算单，陪同客户结账，把下次的维护时间和里程帮助客户写在结算单下面以作提醒。服务顾问目送客户离开。

案例二　4S 店服务站的客户投诉案例

一、客户背景

车型：客户购买了某款 A 级轿车 40 天，行驶里程为 500 km，车辆主要用于周末郊区出游，由于车辆异响问题，已经到店 4 次。

二、用车背景

客户车辆曾出现过碰撞，并在非厂家 4S 店修理及加装倒车雷达，在初期投诉时并未说明，该现象是由 4S 店自行察觉的。同时经观察客户有一定的心理作用（冲动购车，事后后悔），由于按揭、出现过碰撞、车牌号不吉利等原因，又由于更换过后桥且没有排除异响，担心车身存在安全隐患。基于上述情况，客户产生偏激心理，对声音过度敏感，反复无常。

三、投诉内容

(1) 客户曾 7 次来电，反映买了一台车，从买的第二天起就开始修，已经修了一个月，还没有修好。

(2) 具体情况为：买车后的第二天不能启动，到 4S 店换了油泵一周后又发现车子抖动并且路况不平的时候后面有异响。针对异响的故障，又到另一家同品牌 4S 店进行检查，得到的解释却完全不同。

四、客户要求

退款或者换车。当地电视台及汽车投诉热线均已表示，若此事解决不好，就将此事曝光。

五、处理过程及结果

1. 车辆不能启动的处理过程及结果

在接获客户来电后，客服人员随即登记客户的联络方式与相关情况，并立即通知服务经理。服务经理得知是刚交车的客户投诉，随即前往询问该车销售顾问，以了解该客户相关情况。了解情况后，服务经理致电客户，表示关怀的同时，也询问了客户对车辆的操作状况，判断出客户对车辆的操作无误后，当即在电话中表示将前往客户住所处理，并约定了前往的时间。服务经理随即向总经理汇报并致电本品牌，报告目前所发生的客户投诉案件及预计处理方案。服务经理与销售顾问一再表达对客户的关怀之意，并充分表达了理解客户不满的心情，争取客户的认同，同时也表达本品牌与 4S 店负责任的态度。技术总监在征得客户同意后，先行前往停车处对该车进行查修，然后向客户解说查修结果，判断可能的几项原因，该车还需回 4S 店做更进一步确认。服务经理告知客户将采取的策略以及预计处理的时间后，客户同意让车辆回 4S 店进行修理。服务经理再次表达歉意，将车辆由全载式拖车载回，并致电本品牌报告处理进度。

经车间查修，判断为油泵故障，经更换后车辆已恢复正常。服务经理致电客户告知原因并已办理索赔，同时与客户约定交车时间与地点，由服务顾问负责交车，服务经理向总经理汇报，同时致电本品牌报告处理结果。交车后第二天服务经理亲自致电客户进行客户关怀。

2. 面对媒体可能曝光的处理

服务经理得知后，即刻着手调阅该客户的背景数据、投诉案件与处理经过、车辆维修记录、谈话记录以及达成协议档案。接着询问曾与该客户接触过的岗位人员，包括前台、客服、车间、销售等部门。汇总后将档案提供给总经理商议对策，并将本案向本品牌报告。通告 4S 店各部门，如有非 4S 店人员询问本案一律不予回复，唯一的答复是"我们 4S 店设有发言人，我无法对此案发表任何看法，我可以引荐您去见发言人"。服务经理主动与媒体联系，说明先前的处理经过，目前的处理进度以及处理诚意。在未与客户达成协议前，只要有新的进度均主动联系媒体说明进展，函请本品牌协助媒体公关事宜。服务经理主动与客户联络，进行客户关怀并表达处理的诚意，但对客户所提的退车退款要求委婉表示不可行，将客户需求重点转移到"将车辆恢复正常才是目前首要目标"的方向。

3. 车辆异响处理过程及结果

4S 店多次诊断认为该车没有问题，在客户强烈投诉下申请厂家技术支援。预约客户来店检查，没有再出现异响。总公司技术服务人员先后三次赴客户处，并在其指定特殊路段进行反复故障再现，确认前部没有抖动现象；确认后部偶尔发出塑料件干涉异响并与客户反复沟通，希望进一步检查，确认声源和原因、责任（客户车辆曾出现过碰撞并在非厂家 4S 店修理及加装倒车雷达），但遭到客户强烈拒绝并有过激举动。通过各种渠道，无法与客户达成理性沟通，最终在有理、有节、有据的情况下，对客户进行明确答复，保持对目前事态发展的密切跟踪。

4. 预防措施

4S 店工作人员务必与客户一同试车，在明确异响标准的情况下，与客户共同确认异响，否则容易造成双方误解，引起不必要的麻烦。确定异响后，要仔细检查确认其性质，并作合理解释，禁止反复拖拉，给客户留下不良印象，给问题处理带来麻烦。检查与异响有关的加装、事故等因素，为问题定性提供帮助。非必要情况下，禁止大拆大卸，否则容易造成客户心理负担。本着"先处理心情，再处理事情"的原则处理问题，禁止在客户积怨较深的情况下，将技术问题与客户关系问题混作一团处理，使问题处理变得被动。善于摸清客户心理，处理问题要有理、有据、有节，争取主动。4S 店之间在处理同一问题时要加强沟通，统一口径，避免产生分歧。必要情况下，采取冷处理，缓解双方矛盾。

案例三 "奔驰车主维权事件"

一、事件经过

2019 年 2 月，投诉人 W 女士与西安利之星汽车有限公司签订了分期付款购买全新进口奔驰 CLS300 汽车购车合同。车主提车后，因认为发动机存在问题与利之星 4S 店自行协商退换车辆，未果。此后，她多次与 4S 店沟通解决，却被告知无法退款也不能换车，只能按照"汽车三包政策"更换发动机。W 女士被逼无奈，到店里维权。4 月 11 日"奔驰女车主哭诉维权"的视频在网络上流传后，迅速引发舆论关注。隔日梅赛德斯－奔驰官方发布声明表示，已派专门工作小组前往西安，将尽快与客户直接沟通。4 月 16 日晚，哭诉维权的西安奔驰女车主和西安利之星汽车有限公司达成换车补偿等和解协议。5 月 27 日，西安市高新区市场监管部门通报有关涉嫌违法案件调查处理结果：西安利之星汽车有限公司存在销售不符合保障人身、财产安全要求的商品，夸大、隐瞒与消费者有重大利害关系的信息误导消费者的两项违法行为，被依法处以合计 100 万元的罚款。2019 年 9 月 11 日，奔驰汽车金融公司外包管理违规，被罚 80 万。12 月 28 日，入选 2019 "质量之光"年度质量记忆十大"年度质量事件"。

二、事件处理

1. 奔驰官方

2019 年 4 月 13 日 17 时，奔驰官方微博发表声明称，自近期获悉客户的不愉快经历以来，公司高度重视，并立即开展对此事的深入调查以尽可能详尽了解相关细节。已派专门工作小组前往西安，将尽快与客户预约时间以直接沟通，力求在合理的基础上达成多方满意的解决方案。

就车主被迫交纳金融服务费 1.5 万一事，梅赛德斯－奔驰发表声明称：一向尊重并依照相关法律法规开展业务运营，不向经销商及客户收取任何金融服务手续费。并表示，梅赛德斯－奔驰公开并反复地要求经销商在其独立经营的过程中要诚信守法，确保消费者的合法权益。

2019 年 4 月 16 日，针对"西安奔驰车主哭诉维权"事件，北京梅赛德斯－奔驰销售服务有限公司发布第二份声明称，将对相关经销商的经营合规性展开调查。结果明确前，立即暂停该授权店的销售运营。

2. 奔驰 4S 店

2019 年 4 月 9 日，西安利之星汽车有限公司称已与客户消除误解，达成友好共识。"我们对此事为客户带来的困扰深表歉意，也感谢客户的谅解。通过此事，我司也意识到，我们在客户沟通细节与沟通效率上仍有进步空间。我们也将借此机会，进一步规范沟通细节，提升沟通效率，完善客户体验。"

2019年4月11日，西安利之星汽车有限公司就此事表态称，公司对客户所反馈的车辆情况非常重视，并一直就相关事宜与客户保持沟通。

2019年4月13日，维权的奔驰女车主称，"坐机盖"一事发酵后，利之星奔驰4S店员工打电话给自己，希望其不要接受媒体采访，与4S店"口径一致"，并称会"保护你"。

3. 奔驰车主

截至2019年4月11日，奔驰官方给出的答复是已经与女车主达成友好协商，但是女车主没有收到任何奔驰官方或者4S店的回复，都只是和个别销售人员联系，女车主经过半个月交涉很失望，觉得这件事情并没有解决。2019年4月12日，W女士在接受陕西地方媒体采访时，否认与4S店和奔驰官方达成友好协商。但是此前，西安利之星曾回应称，已与女车主W女士消除误解，达成共识。2019年4月13日，车主在西安市市场监管局高新分局西部电子商城工商所向联合调查组递交资料，配合调查，这是车主与调查组的首次见面，相关诉求如下：

(1) 调查该车车辆历史，要求知晓该车到店至销售期间的基本情况。

(2) 车辆PDI检查是否真实，检查人员有无资质，3月2日到3月27日期间又做了哪些检查，车辆的检查有没有检查到问题，检查人员有无资质。

(3) 没有任何利益的第三方对车辆进行检测，如果是质量问题依法赔偿；如果是三包问题，也愿意接受，合法维权。

(4) 调查4S店在销售过程中是否侵犯了消费者的知情权，是否有强制消费，收取的金融服费是否合理？要求调查是否存在违法。

(5) 规范汽车行业车辆PDI检查。

(6) 奔驰官方要给一个正式的道歉和情况说明。

(7) 对个人精神方面的损害给予补偿。

(8) 对汽车行业销售方面混乱现象进行整治，维护消费者合法权益。

4. 政府部门

2019年4月11日、12日，西安市高新区市场监管部门先后对双方退车退款协议情况进行了核实；对利之星4S店经营情况进行检查，已对利之星4S店涉嫌质量问题进行立案调查，对涉事车辆进行依法封存，并委托法定监测机构进行技术检测；对利之星4S店负责人行政约谈，并要求该店通知奔驰（中国）公司协助进行调查。

2019年4月13日，市场监管部门再次责成利之星4S店尽快落实退车退款事宜，并听取了投诉人新提出的八项诉求。当天，还组织利之星4S店负责人与投诉人对话协商，努力促成双方达成解决问题的一致意见。对话中，店方负责人向W女士因购车问题引起的不愉快表示歉意，并表态愿立即退款、承担市场监管部门调查核实后相应的法律责任。W女士感谢市场监管部门对消费者的支持，但目前不能接受店方退款，愿意接受调查核实以后依照有关规定更换发动机或退换车的结果。

2019 年 4 月 11 日，西安市市场监督管理局高新分局成立由工商、质监、物价部门组成的联合调查组介入调查，调查该车辆在销售前是否存在质量问题。

2019 年 4 月 13 日，西安市市场监督管理局高新分局已对涉事奔驰轿车进行封存，该局将委托有资质的检测机构对车辆进行检测。

2019 年 4 月 13 日，车主在西安市市场监管局高新分局西部电子商城工商所向联合调查组递交资料，配合调查，这是车主与调查组的首次见面。

2019 年 4 月 15 日，陕西消费者协会表示，消费者在不知情的情况下被收金融服务费不合法，若与经营者协商未果，可到消费者协会投诉，或者考虑走法律途径维权。

2019 年 4 月 16 日，西安市市场监管局高新分局监管科工作人员向南都记者表示，高新分局已成立了由副局长牵头的专案组处理此事，目前事件还在调查中。另据央视报道，西安市市场监管局高新分局副局长表示，调查人员已对涉事车辆封存。如果存在销售带病车等欺诈行为，将按照法律法规进行赔偿，并对这种行为进行严厉打击。此外，关于车主反映的西安利之星 4S 店通过个人账户收取 12 575 元"金融服务费"，是违法违规行为，税务机关已进入现场，对所有收据进行核实。

2019 年 4 月 16 日，陕西省市场监督管理局表示，为大力规范汽车消费市场，全省开展汽车消费领域专项执法行动，对涉嫌欺诈消费、涉嫌强制性消费、涉嫌侵犯消费者个人信息等行为进行查处，专项执法行动将历时 2 个月。

2019 年 4 月 17 日，中国消费者协会在京举办"推动解决汽车消费维权难座谈会"，就汽车销售中的金融服务等费用收取、汽车消费者维权难等问题进行讨论。结合奔驰车事件及汽车消费领域投诉问题，中消协提出：汽车产品合格交付，是经营者的应尽义务。一些经营者向消费者交付不合格车辆，却以汽车三包规定为由拒绝承担退货责任或相应赔偿责任，有违法律规定。汽车销售金融服务等应明码标价，杜绝强制交易等违法行为。但当前汽车销售服务中，存在强制消费者购买保险、缴纳续保押金或续保保证金等问题，有些经销商代办业务在未告知消费者的情况下多收上牌费、金融服务费，还不开具发票，引发消费者强烈不满。对于这些违法行为，应当依法严厉惩处。

2019 年 5 月 10 日，国家市场监管总局对奔驰公司提出了具体整改要求，包括奔驰公司认真自查和整改生产经营过程中存在的问题，积极配合各级各地市场监管部门调查处理；切实加强对经销商的管理，杜绝各类不合规、不规范行为；大力改进售后服务体系，畅通消费者维权渠道，积极妥善解决消费者诉求。

该事件暴露出汽车行业一些长期、普遍存在的问题。奔驰 4S 店为消费者办理贷款已向奔驰金融机构收取相应报酬，再以"金融服务费""贷款服务费"等名目向消费者收取费用，违反了法律规定。任何汽车销售企业收取任何名义的费用，都必须严格遵守价格法、消费者权益保护法等法律规定，确保事先明码标价、消费者自主选择、提供质价相符的真实商品或服务，不得违规收取费用；不得巧立名目，误导消费者；禁止强制或者变相强制搭售、虚假宣传、诱导式交易等。适用汽车"三包"规定的前提是交付合格汽车产品，交付不合格汽车产品的应当依法退换货，不得曲解汽车"三包"规定来减轻自身法定责任，不得无理拒绝或者故意拖延消费者的合理要求。

国家市场监管总局将会同相关部门对汽车销售行业开展专项整治，切实破除消费者反映强烈的潜规则，坚决查处侵害消费者权益的违法行为；加快修订汽车"三包"规定，推进建立第三方质量担保争议处理机制；开展消费投诉公示，健全长效监管机制，更好规范汽车行业发展，推动汽车消费升级扩容，保障广大消费者合法权益。

2019 年 9 月 11 日，北京银保监局对梅赛德斯－奔驰汽车金融有限公司做出行政处罚。根据《银行业监督管理法》第四十六条规定，因其对外包活动管理存在严重不足，给予合计 80 万元罚款的行政处罚。

参 考 文 献

[1] 王彦峰，杨柳青. 汽车维修服务接待 [M]. 2 版. 北京：人民交通出版社股份有限公司，2018.

[2] 王一斐. 汽车维修企业管理 [M]. 北京：机械工业出版社，2012.

[3] 克里斯托弗·洛夫洛克. 服务营销 [M]. 北京：中国人民大学出版社，2010.

[4] 刘远华. 汽车服务工程 [M]. 重庆：重庆大学出版社，2013.

[5] 付桂英. 体态礼仪与形体训练 [M]. 2 版. 北京：北京师范大学出版社，2016.

[6] 魏蕾. 汽车营销实务 [M]. 西安：西北大学出版社，2020.